U0347746

寻味书系

薛冰——著

饥 不 择 食

中国青年出版社

目录

您吃了吗？（代序）

代

序

———————— 您吃了吗？ ————————

　　这是一本与吃饭有关的书。

　　这是一本与美食无关的书。

　　若干年来"文化"热，柴米油盐酱醋茶，琴棋书画诗酒花，三百六十行，行行皆文化，行行出状元。最让人纠结的是"食文化"，别的行当不精通，还可以用"隔行如隔山"宽慰自己，论吃饭谁不是本色当行呢？然而吃饭与"会吃饭"绝非一个概念。跟老婆孩子家常便饭，还不觉显；倘若到饭店里，一桌人排排坐，就看出差别来了。美食家滔滔不绝介绍每一道菜的名称来历；品尝要点，兼及掌故渊源；烹饪技法，直至食材优劣；产地选择……如我之辈只有洗耳恭听的份儿，完全插不上嘴，诚如俗话所形容："内行看门道，外行看热闹。"

　　天天吃饭，一顿不落，我居然成了吃饭的"外行"！

　　私下里也曾打听过，美食家多半下不得厨。术业有专攻，专攻厨艺的那叫厨师，专攻品尝的才是美食家。譬如爬格子做文章，写小说散文、学术论著，是自己露手艺；写书话，便是品评别人的手艺。哪怕浮光掠影，哪怕浅尝辄止，只要能择出一二三四五点，貌似头头是道，即可以跻身书话家行列，扬名立万排座次。

以此类推，美食家应亦不难当。我生性好翻杂书，爱交朋友，九流三教，无所不窥，"食文化"的故典新知，也常常写进文章里，描画得活灵活现。遗憾的是，理论是理论，实践归实践，一上了饭桌，这一切就都被丢到爪哇国去了。

于我而言，吃饭就是吃饭。决定我对食物看法的，不是舌尖，而是胃。所以我注定做不成美食家。

哲学家说，存在决定意识。曾经的饥饿记忆，决定着我今天的意识。

以我六十多年的人生经历，忍饥挨饿的岁月，不到三十年；三十岁以后，更是不曾有过挨饿的机会。然而，与某些人津津于舌尖上的享受不同，我对于近三十年吃过的美食，并无特别的印象，而对于曾经的饥饿记忆，却刻骨铭心。

"民以食为天。"自古以来，历朝历代的统治者，都曾采用自以为有效的方式，试图解决国人的吃饭问题，也无不因政策失败，直接或间接地导致改朝换代。新中国成立后，同样面临着国人吃饭问题的考验。一九五三年，政府实行粮、油、布、煤等生活必需品的统购统销，以全新的计划经济体系，取代正常的市场经济秩序，人为固化供求关系；一九五五年因粮食严重短缺，制订城市人口定量供应计划，按月发放粮票，以保证最低生存需要的口粮供应，让人虽吃不饱也饿不死。此后票证越发越繁，据不完全统计达六十多类上千种。其间的"三年自然灾害"，或称"三年困难时期"，是人类惨痛的一次灾难。一九七八年中国决定改革开放，农村实行"包产到户"，城市开设"自由市场"，物质严重匮乏的状况开始改变。听了三十年的"市场繁荣，物价稳定"，当市场繁荣真正到来之际，许多人竟于心惶惶，几乎以为是在梦中。一九八五年，对于中国人民的日常生活，是一个重要的时间节点，除了粮、油及自行车、手表、洗衣机、冰箱等大件商品，其余商品多以"议价"的形式，放松了票证的束缚。一九九三年，以取消粮票为标志，中国人终于走出了为期四十年的票证社会。

所以，在我们这一代人的词典中，世间百物，没有"好吃"与"不好吃"之差别，只有"能吃"与"不能吃"之区分。小时候不懂事，曾说过某食品不好吃，母亲的评价是："没饿好。"在农村插队时，农民们也会用同样的三个字，讥笑某个试图挑食的人。

如果说，美食家的兴奋点在食物的美与恶，我关注的则是食物的有与无。

这里与大家一起分享的，主要是六十余年间，有关吃饭的若干实录与感悟。在历史的长河中，这委实是一些无足轻重的片段，时过境迁，某些细节甚至已经开始模糊，然而情绪的记忆，面对食物的人生体验，却越发清晰。

我把它概括为四个字：饥不择食。

倘若只有我一个人，有这种饥不择食的心态，那说明我的心理不够健康。可实际上，在"相当长的历史阶段"中，因为人祸天灾所导致的饥馑灾难，已成为一种难以消解的民族记忆，使得中国人在此后数十年，继续处于心理上的饥饿状态中。"您吃了吗？"仍是中国人最常使用的问候语。暴饮暴食仍是中国人最易容忍的恶习。包括美食家在饭桌上的喋喋不休，同样是一种病态。一些媒体制作的美食节目也可谓登峰造极，那样穷奢极欲，不知餍足，且接二连三，迫不及待、不厌其烦地向全世界宣示：中国人现在不但能吃饱，而且能吃好了。

在一个正常的社会，一个正常的时代，国民能够吃饱、吃好，是理所当然的事情。为什么中国人会为吃饱、吃好而如此激动不已？

只能说曾经的饥饿记忆过于深重。

这种饥不择食的心态，直接、间接地影响着当代中国人的价值观、道德观、审美观、世界观。公款吃喝的天文数字，贪官家里的上亿现金，富豪群对慈善事业的冷漠，"二代"们的炫富斗富，境外旅游者在自助餐厅的抢食……或多或少，都有着饥饿恐慌驱动的因素。

所以我选择《饥不择食》作为书名。

说实话吧，就是因为想到了这个书名，我才下定决心来写这本书的。

全书分为五个部分，借用五本与饮食有关的古籍名作为标题。"养小录"，是小儿郎、小果点的故事；"梦粱录"，是那个做梦总会梦见食物的时代记忆；"醒园录"，是我们从教科书理想和"文化大革命"狂热中醒来，逐渐认识社会的经历；"中馈录"，略述几种地方特色风物；"清嘉录"，撷取南京岁时清嘉的几个片段。

我并不打算让这本书成为一种时代的"忆苦饭"，也不敢期望这样一本小书，对于国人消解饥不择食心态能起多少作用。但它至少可以作为一面镜子。一方面，只有摆脱了那种潜在的饥饿恐慌，才有可能让中国人的思想境界上升到新的层面；另一方面，也提醒中国人时时警惕，当蛊惑人心的乌托邦改头换面再出现时，能保持清醒的头脑，不至轻易跟风上当。

中华民族，经不起那样的折腾了。

养小录

金刚脐与蜜三刀

小时候记住的第一种甜点心，有个威武的名字：金刚脐。

金刚脐是外婆的点心。夏日天长，午睡起来后，南京人惯常要吃下昼儿。外婆的下昼儿，有时是一碗小馄饨，有时是一块酥烧饼，有时是一碗豆腐涝，有时就是一块金刚脐。外婆坐在堂屋的大八仙桌旁，看见我，就会掰下一牙给我。

那时我才四五岁，平常人家小孩子不知挑剔，对于饮食，只在乎有与没有，谈不上喜欢什么不喜欢什么。记住金刚脐，是因为听父亲说，它的形状，与寺庙里金刚的肚脐相似，因而得名。外婆是信佛的，时常要上庙里烧香。我记挂着看金刚肚脐，便要跟了去，结果妈妈只好带我去了。然而一进庙门，我已看得眼花缭乱，妈妈陪着外婆在烧香拜菩萨，最后我竟没弄清庙里有没有金刚，更不用说金刚肚脐。

认识四大金刚，是在清凉山善庆寺。算来该是一九五四年，那年夏天发大水，持续数月，下关地近长江，外婆家水深盈尺，难以安身。我们一家辗转进城，住进了石鼓路西头，父亲单位的宿舍。因洪水尚在肆虐，阴历七月三十地藏王菩萨生日，清凉山东岗上小九华寺，香火格外兴盛。母亲领着我，拜过愿入地狱拯世人的地藏王，顺便去扫叶楼后的善庆寺烧香。善庆寺前殿逼仄，四大金刚几乎就是夹道而立，我仰脸望去，先就被那凶神恶煞的形貌吓到了，拔腿就溜，哪里还敢去寻他的肚脐。

一个金刚脐只有六牙。听父亲说，金刚脐原来是八牙，可是乾隆皇帝南巡时，发现汉人把八脐（谐音"八旗"）都吃进肚里了，大不妥当，便规定以后只准做六脐。

父亲自小在北京长大，他喜欢的小点心，是蜜三刀。我也由此养成了爱吃甜食的习惯，到老来血糖不高，去欧洲旅游，饱啖各式甜点。蜜三刀号称北京名小吃，实则源出江苏，据说也是被乾隆皇帝看中，钦定为贡品，遂与蜜饯做了表亲。所以在十岁以前，只要说到皇帝，我便认定是乾隆皇帝，就像当时说主席，肯定就是万岁万岁万万岁的毛主席一样。直到小学四年级看《水浒》，才晓得古时候不止一个皇帝。

金刚脐入炉烘烤前，只在表面刷一层糖水，烤出来的点心外壳泛红，又甜又酥，但内瓤就是面粉本色的香甜了。蜜三刀则是油炸后趁热浸入蜜汁，甜得便有些发腻，所以会受重口味的北方人欢迎。两种点心的共同之处，是制作时都要用刀剖开表面，而且都是三刀。金刚脐胚成半球形，三刀交叉深剖，裂开六瓣，应是为了小火烘烤时易于烤透。蜜三刀是长方形，平行三刀，也该是为了易于炸熟且蜜汁深浸。蜜三刀这个名字，

金剛臍與銀剛臍

龍芝麗娜作

常使我联想到"口蜜腹剑""笑里藏刀"之类的词语，若用作武侠小说中的人物诨名，可收形神立见之效。金刚脐就圆融多了，刀工煞气已然隐去，颇有点"放下屠刀，立地成佛"的意味。

三十年后，偶然说到金刚脐，恰有镇江友人在场，当即纠正，说该叫京江脐，是他们镇江的特产。镇江古名京口、京江，我是知道的，儿时的美好记忆，顿时崩塌。然而心底里很有些不服气，于是认真做了番考究，结果发现金刚脐流行江淮，非仅一地，甚至苏州、上海也有这玩意儿，不过人家叫"老虎脚爪"——同样是因其形似而命名。

南京豆

　　"麻屋子，红帐子，里头住个白胖子。"这是童年时期最早接触的谜语之一。吃过花生的孩子，多半能猜中谜底。

　　花生是平民百姓的奢侈品。一日劳作之余，晚饭桌上，能有一碟花生米下酒，无论干炒、油爆、水煮，一粒粒拈入口中，嗞儿咂的，说不出的心满意足。花生更是孩子们的至爱。大人们说起炒货，常以瓜子与花生相提并论，然而瓜子太没劲儿了，磕上半天也磕不出多少仁儿。哪像花生米，抓一把在手心里一搓，搓下的粉皮一吹，满满地塞上一嘴，慢慢磨着嚼，嚼得齿颊生香。父亲看到了，就会提醒我们，花生千万不能吃太多，吃伤了，一辈子都不想再碰。父亲小时候随曾祖住在北京，曾祖在教育部当差，父亲没人管束，有一天就拿花生米当饭吃，结果伤了胃，接连半个月吃什么都不香。事过几十年，父亲还是很少吃花生。不过母亲另有说法，道是父亲牙不好，嚼不动，所以她有时会为父亲炖点烂糊糊的花生米。父亲也确实在四十多岁就装了全口假牙，但他说，就是因为小时候乱吃零食，才把牙都吃坏了。

其实那时候家里生活艰难，既无闲钱也无闲情滥于干果炒货。逢年过节买点花生，刚把馋虫勾起来，就已经"多乎哉，不多也"，哪里还能吃伤了胃。所以父亲的历史经验，总被我们认定是编出来吓唬小孩子的。

又过几十年后，读到元人贾铭的《饮食须知》，才知道花生确实有此威力，"小儿多食，滞气难消"。更有甚者，"近出一种落花生，诡名长生果，味辛苦甘、性冷，形似豆荚，子如莲肉。同生黄瓜及鸭蛋食，往往杀人。多食令精寒阳痿"。

"形似豆荚，子如莲肉"，据此描写，确是花生无疑。"杀人"云云，诚为可怖，不知怎么又会被叫成长生果。我却因此想到，老南京人把花生米叫作"生果仁儿"，看来并非"花生果仁儿"的简称，而应是"长生果仁儿"的略语，"长生"两字发音相近，连读时才容易含混过去。

至于落花生的本名，倒是上小学时就知道了。记不清是四年级还是五年级的语文书中，有一篇课文《落花生》，作者许地山就以落花生为笔名。当其时我看书只论情节好不好玩儿，从不注意作者，能把《水浒》故事一段段转述给同学听，却不知施耐庵何许人也。记住许地山，是因为在南京五中读初中时，许夫人周俟松女士担任副校长。周校长年过花甲，胖乎乎的，脸上总是带着慈祥的笑容，使同学们对那位遥远的民国作家，也就生出了亲近之感。

《落花生》中借花生为喻，启发儿童做人讲求实用，不计体面。像花生这样，花落之后果针刺入土中结实的植物，恕我寡闻，竟举不出第二种。我也看不出桃李那样果实艳丽高悬有什么不好。花生固然营养丰富，于人有益，可除了榨油之外，只能充作零食；在正规的宴席上，至多也就是作为冷盘中的配角。即在民间风俗中，花生最隆重的登场，大约便是婚礼中用于撒帐，以预祝新婚夫妇将来既生儿也育女，"花"着生。这一功能如今早已被遗忘，因为计划生育的严厉国策，"一对夫妇一个娃"，再也"花生"不起来了。

古往今来，几乎看不到文人雅士对花生的赞颂，尽管中国可能是花生的原产地；就算如专家所言，花生在十六世纪方从美洲传入，清代也已经普遍种植。而且欧洲的花生确乎是从中国引进的，所以被叫作"中国坚果"，另一个名字是"唐人豆"。最让我感兴趣的花生别名，则是"南京豆"。就不事张扬这一点而言，花生倒确有些南京人的性格。不过，如同臭虫被日本人叫作"南京虫"一样，这一命名也很难追根求源。一定要说有什么理由，只能证明南京在中国对外交往中曾经的重要地位。

花生米的炒制品类甚多，如五香花生米、奶油花生米、椒盐花生米、油炸花生米。还有一种玫瑰花生米，选择颗粒较小的花生，皮色染成玫瑰红，看上去很美。听章品镇先生讲，一九四八年，陈光甫受上海金融界之托，为某事赴南京面见蒋介石，回上海后一言不发，凡来询问之人，一律送一包玫瑰花生米。众人不得要领，只好自做解人，说南京的玫瑰花生米很好吃呀。

　　待到暮春，又会有一种不用剥壳的"动物花生"上市，便是炸蚕蛹，看上去与花生米颇相似，只是有一旋旋的纹。我小时候养过蚕，眼看着白白胖胖的蚕儿不断吐丝，将自己裹进或黄或白的茧子里，待到破茧而出，就是蛾子了。这蛹的模样虽没直接见过，但既晓得是两种生命形态之间的过渡，所以无论别人介绍如何香脆，始终不忍尝试。

柏果树

　　秋风一起，糖炒栗子就上市了。各种干果炒货中，数糖炒栗子的阵势最大，汽油桶改制的大炉当街支起，上架一口大铁锅，胳膊粗的木柴烧得热火朝天。锅里的黑砂裹着茶油，拥着红栗，翻锅的大铁铲锃亮晃眼，片刻间甜香满街，像一只手攥住了你的胃，不由得不掏腰包。

　　炒栗子的师傅，寒风萧飒，路人已经穿上夹衣了，他只套个短袖汗衫，光着两个膀子，不动声色地挥舞大铁铲；胸前悠动的大围裙，被爆出的炭花铁砂烫得千疮百孔。后来读《神雕侠侣》，铁匠冯默风站在街心，以烧红的铁器对付李莫愁，忽然就想到炒栗子的师傅。

　　那一种大侠的气场啊。

　　所有的糖炒栗子都挂一个招牌：正宗天津良乡板栗。明明良乡不属天津，属河北（现在又划归北京了），也没有人感到奇怪：早先天津还属河北呢！更有趣的是良乡并不产栗，全因位于铁路线上，成了河北板栗的集散地，再经天津转运各地，遂成就了"天津良乡板栗"这个品牌。良乡板栗个头小，而糖分高。糖炒栗子，并不真的用糖，只是炒制过程加速了淀粉的糖化。菜栗几乎要大它一倍，就不怎么甜，只能做菜，最常见的是栗子烧肉，相得益彰。古人说："无竹令人俗，无肉令人瘦。"所以冬笋烧肉为文人争相夸赞，实则论口味，未必及得上栗子烧肉。

同样当街炒卖的，还有白果，那可就细巧多了，用的是烧木炭的小风炉，炒锅也不是锅，而是小皮球大小的细铁丝网笼或铁勺，两半相合，可闭可开，一端有长柄，包了木把，可以用手握着翻动，十来粒白果在里面晃悠着，听见一声声硬壳炸裂的脆响，就可以出笼了。趁热剥开来，果肉碧若琉璃，又香又糯，就是择去两瓣间的心，仍微有苦辛，可回味无穷。不过大人只许吃三五粒，说是白果有毒。

当年蹲在街边炒白果的，多是中年女人，傍晚的寒风中，便有些瑟缩。放学的我们围在摊边，看着她撕下一页旧书，对折，卷成个小漏斗，将炒好的白果倒进去。一小包白果要卖两分钱，比花生米贵一倍，这消减了我们对她的同情。

我们小学旁边的巷子，就叫柏果树，巷中有两株参天大银杏，树龄已不止五百年，老远就能望见。见大树而知旧家，想来那地方曾经是大户人家的园林，时移世变，主人和庭院都已泯灭无迹，唯有大树犹存。前人以"树小墙新画不古"讥讽暴发的土豪，是颇有道理的。不过如今也做不得准了，不但古代名画可以上拍卖场竞标，古树名木也可以从深山老林移植，无非花个数十上百万而已，于富豪们不过九牛一毛。遗憾的是，"人挪活，树挪死"，移植的大树难以成活，数百年蓄积的生命力，不过三五年间便已耗尽，成了一根枯木。只有挖取大树留下的深坑，仿佛是山林睁圆的眼睛，痴痴地巴望着一去不归的游子。

因为柏果树这个地名，使我在很多年里，都误以为柏果是银杏的别称，其实只有白果才是银杏的又名。南京俗称银杏为"鸭脚子"，大约是因为银杏叶的形状似鸭蹼。明人顾起元《客座赘语》中就写道，南都的"鸭脚子亦巨于它产，实糯而甘，以火煨之，色青碧如琉璃，香味冠绝。秋深都人点茶，以此为胜"。在用于茶泡的干果中，没有比它更好的了。他还说，"树之大而久者，留都所有，无逾于银杏——鸭脚子者是也。"

柏果树的这两棵银杏树，一度名声很大。据说日寇侵占南京期间，两树渐渐枯萎，终于死寂；然而一九四九年后，其中一株忽然又萌发新枝，生机勃勃。于是被视为神奇，风传为社会清明的祥瑞之兆，"树犹如此"云云。

大树太高，结的白果没有人采摘，熟透落地，同学们便去草丛中寻觅。我由此得知白果是银杏的果核，外面原包着层果肉的。就像桃和杏，吃完果肉，如果肯费劲砸开果核，便有桃仁和杏仁可食。三十年后，在苏州洞庭东山，看到大树上结着毛茸茸的果子，不知何物，请教山民，说是栗。见我惊讶，他朝树身踹上一脚，将落下的果子用脚踏井，毛壳里露出的两三粒，正是我所认得的栗子。栗生长这样的毛壳，自然是为了保护它的种子，却被人无情地踏碎。第一个踏碎栗壳的会是什么人呢？是因为好奇，还是因为饥饿？这大约永远不会有答案。我们小时候，竟也无师自通地以这办法对付白果，将果肉踏烂，捡回果核，放在烤火炉边上，或者煨在热炉灰里，听到啪的一声响，就赶紧翻出来享用。然而好景不长，我小学还没毕业，那株大银杏就彻底死掉了。所谓枯木逢春，不过是回光返照。

说不清哪一年，枯树也被人伐去。只有柏果树的地名，一直沿用至今，然而已经成了新建的居民小区，当年的古巷旧宅了无痕迹，留在记忆中的，只有白果的清香了。

鸡头果

在孩子心目中，每天额定三顿饭，是为父母吃的，零食才是为自己吃的，才能得到格外的愉悦。所以当年的正餐吃过些什么，早已忘得干干净净，而种种零食，则记得清清楚楚。

如今已不易见到的一种，是鸡头果。

鸡头果，南京方言中，"鸡头"两字快读，"果"字的发音又是上声，弄得外地人往往不知所云。写出来则一望即知，就是苏州人所说的鸡头米，学名芡实。再说通俗些，每位主妇烧菜时都会用到的芡粉，便是芡实晒干磨成的粉。

上小学时，家在石鼓路的西头，路口正对汉西门瓮城，稍北就是四眼井，井边打水浇衣、淘米洗菜的人不断，也是女性的社交中心，相当于男人的茶馆。秋天开学后不久，就会有一两个乡下打扮的中年妇人，静静地蹲在井台边，面前一只腰形的细竹篮，篮口上盖着块湿布，便是卖鸡头果的了。有人要买，她撩开湿布一角，露出苍绿的荷叶，荷叶下面才是那一粒粒圆溜溜棕黑色的小果子，只比黄豆略大。她扯一片荷叶卷成角斗，让我们自己握着，用一只小茶盅，深深地挖进果子里去，那动作使我们满怀丰收的希望，然而挖出来的，永远是平平的一盅，不凸，也不凹。

这小果子会被叫作鸡头果，也曾令我们困惑，若叫"鸡眼果"还更形象些。后来在莫愁湖看到其本来面目，才恍然大悟。鸡头果花落之后，花萼仍附着在拳头大的椭圆形果实上，看上去很像鸡嘴，而果实外壳遍生毛刺，色呈紫红，活脱脱一只鸡头，高昂在茎秆顶端。剥开果壳，里面才像石榴似的，包着上百粒小果子。郑樵《通志·昆虫草木略》中说到鸡头果的别名："曰雁喙实，曰雁头实，曰鸡雍实。《本草》曰鸡头实。《尔雅》曰'鉤，芡'。"并且描绘它的形态："叶大如荷，皱而有刺，俗谓之鸡头盘；花下结房，形类鸡头；实正圆如榴核大。"

鸡头果虽号称莫愁湖的名产，其实并不见得比老菱好吃，而且外壳坚硬，剥得指甲生疼，似乎天生是对馋嘴孩子的一种惩罚。有的大人会用牙磕，那真是个技巧，轻了磕不开，重了则碎成几瓣；不耐烦时，只好牛吃蟹般嚼嚼吐掉拉倒。冯梦龙《挂枝儿》中道，"有缘法遇着个好磕牙的子弟"，实则"好磕牙"的子弟，肯定比不上身怀绝技的姊妹。她们夏天吃陵园西瓜，把臭虫大的瓜子都留下，洗净晒干，炒了来磕，磕鸡头果就得这样练出的好牙口。

这还是熟果。剥生果的难度更大，因为果肉鲜嫩，弄不好就成了一泡浆水。剥出的果肉，主要用处，就是晾干了磨作芡粉，又算不上什么金贵的东西。难怪有苏州人说，这活儿是恶婆婆想出来折磨儿媳妇的。当然剥出的鸡头肉也可以做点心，加上冷水，煮粥似的用小火煨熟，便如糯米般绵软，其口感之佳，远非西米可比；再加上白糖、桂花，香甜可心。唐代被誉为"药王"的孙思邈，在《备急千金要方》中说，鸡头果"益精气，强志意，耳目聪明；久服轻身，不饥，耐老，神仙"，夏日午睡醒来上一小碗做下昼儿，真是神仙过的日子。

这绵糯的鸡头米，后来竟被抹上了一缕色情意味，说是杨贵妃中酒衣褪露乳，唐明皇扪之曰："温软新剥鸡头肉。"安禄山在旁对曰："滑腻初凝塞上酥。"明皇笑道："信是胡儿只识酥。"

唐明皇这一笑，似不无解嘲之意。"胡儿只识酥"，那比喻可并不差；倒是"新剥鸡头肉"，未免令人有忽发奇想之感。后人诠释种种，皆不无附会。固然，荔枝既可以"一骑红尘"飞送长安，鸡头进呈亦不意外。不过，新剥鸡头肉虽"软"而并不"温"；唐明皇所见到的鸡头肉，想必是煮好的点心，才能既"软"且"温"，但那又非"新剥"了。传说者多称此事出自唐人《开元天宝遗事》，然而现存各本《开元天宝遗事》中，都没有这样的内容。

以我所见，此事最早载于北宋刘斧的《青琐高议》，其实是小说家言。书中《骊山记·张俞游骊山作记》一篇，托名张俞访古骊山下，得当年守宫使之后人讲述故事："一日，贵妃浴出，对镜匀面，裙腰褪，微露一乳，帝以指扣弄曰：'吾有句，汝可对也。'乃指妃乳言曰：'软温新剥鸡头肉。'妃未果对。禄山从旁曰：'臣有对。'帝曰：'可举之。'禄山曰：'润滑初来塞上酥。'妃子笑曰：'信是胡奴只识酥。'帝亦大笑。"贵妃以言遮掩，明皇一笑释之，比后人所传为合理。编在此文之后的，是亳州秦醇所撰《温泉记·西蜀张俞遇太真》，居然有张俞梦魂与杨贵妃温泉共浴之说，可见荒诞不经。然而张俞确有其人，小学语文课本中就有他的诗："昨日入城市，归来泪满襟。遍身罗绮者，不是养蚕人。"历来说此诗者，好像都不曾提到张俞的这一面。

　　到了明代中期，艳情小说盛行，此事复被冯梦龙编入《情史·情秽类》，被张岱编入《夜航船·容貌部》，在文人墨客笔下，"鸡头"遂成了女性乳房的代称，由食而色了；鸡头米的美味，反而少见人提起。

　　好像只有南京人，念念不忘地将鸡头与菱、藕、莲子、荸荠等并称为"水八仙"。因为鸡头果是其中体量最小的一种，所以他们还将身材小巧的孩童，形容为"鸡头果"。

陵园瓜

按最新统计，南京已被摘掉了"火炉"的桂冠，可夏天依然热得够呛。年轻人整天整夜离不得空调，老年人看着，便忍不住抱怨：早先没有空调，日子是怎么过的！

半个世纪前，盛夏能找到地方乘凉，便是一种幸福。传统的多进式院落，前后门窗都打开了，就有穿堂风进来，身子弱的人都不敢在风口久坐。太阳一落山，大人就会打上几桶井水，把门前树荫下泼透，竹制的凉床也用井水抹上几交，晚饭后一家人坐在床边，轻摇芭蕉扇说闲话。娃儿们往往赖在凉床上睡，到后半夜怕着凉，大人总要把孩子抱回房里去。没有院子的人家，就把凉床摆到门前街边上。清早出门上学，看着路旁一排空荡荡的凉床，心里还有几分留恋。

井水真是好东西，夏天扒在井口，都感觉得到扑面的凉意。热极了，用小桶打些水上来，先把小胳膊小腿浸在里面，然后泼些在身上，最后当头淋浇，那份痛快！爷爷奶奶看见，总要惊叫："不要激出病来！"过去一些大户人家堂屋里都有井，井水冬暖夏凉，确实能起到调节空气的作用。老城南有个地名叫同乡共井,听着都让人心软。

自来水普及之后,井水已不再用作饮水,但洗衣服、拖地板都没问题。院子里各家夏天买了西瓜,都随手丢在井里泡着,也不用做记号,从来不会弄错。晚饭后,乘凉时,西瓜捞上来,切成片,咬一口,透心凉。有的娃儿天热胃口不佳,不肯吃饭,但西瓜从来不会拒绝,总是大受欢迎。一片西瓜,从红瓤吃到青皮,连花皮都能啃出洞来。大人便会取笑:"从瓜州吃到青州,从青州吃到通州,到了通州还不丢手!"

西瓜皮的口碑一向不佳,民间流传的歇后语:"西瓜皮打鞋掌——不是那块料。""西瓜皮搓澡——没完没了。""脚踩西瓜皮——溜到哪块是哪块。"都不无贬义。其实瓜皮本不该遭鄙弃。冬瓜、南瓜、香瓜、菜瓜、瓠瓜、笋瓜……都是去瓤吃皮的,像西瓜这样弃皮吃瓤的反是少数。西瓜皮可以入药,清热利尿,而且有个优雅的名字:西瓜翠衣。如食瓜过多而伤胃,用瓜皮煎汤饮即可解。西瓜皮也可以做菜。母亲有时将瓜瓤挖在小碗中分给我们吃,留下瓜青,削去外层腊质花皮,切成细丝,或凉拌,或与毛豆、辣椒同炒,清脆爽口;有时也切成细条,在酱中浸几天,便成了"酱瓜"。当然这都是贫寒人家的美食。至于西瓜盅、西瓜鸡之类,我们小时候可连听都没听说过。近年读陶穀《清异录》中有"瓜战",言吴越钱氏子弟,取一西瓜,各猜瓜子数目,然后剖瓜点数,输了的人设宴请客,就更是富贵游戏了。

那年头南京地产西瓜主要有两种，一是马陵瓜，一是陵园西瓜。

马陵就是明孝陵。马皇后死谥"孝慈"，孝陵即由此得名，所以古人也称孝陵为马皇后陵、马陵。也有人说，马陵瓜是马皇后选种培植的。马陵瓜形状椭圆，俗称"枕头瓜"；皮色绿黑，花纹不明显，黄瓤，瓜子棕黑。无论它是否肇始于明初，古时确属良种，故而南京东郊出产的西瓜，都冒称马陵瓜。买瓜人则统称之为孝陵卫西瓜，简称卫瓜。"卫"是明代的军队编制，孝陵卫就是孝陵的卫戍部队，其驻地后被沿用为地名；卫岗、小卫街等地名皆由此而来。《嘉庆新修江宁府志》列举有名物产，就有"孝陵卫西瓜"一种。

陵园则是中山陵园的简称，其范围也包括明孝陵、孝陵卫一带。但陵园西瓜与马陵瓜并非同种，而是一九二九年从日本引入的新品，有黄瓤和红瓤的不同，所以亦称"洋种西瓜"。陵园瓜花纹清晰，皮薄瓤甜，呈圆球形，买瓜人也喜欢挑滚圆的西瓜。然而自然生长的西瓜，毕竟难以规整，所以南京又产生了一句俗话："瓜无滚圆，人无十全。"此外还有一种三白瓜，白皮白瓤白子，口味也不错，但白生生的不大讨喜。

陵园西瓜好，是因为那一带地势高爽透风，又属沙性土质，适宜西瓜生长。元张铉《至正金陵新志》录金陵物产，就有西瓜。民国年间的中央农业实验所，即后来的江苏省农业

油炸豆腐干 街边小喫 孔祥东制衣

科学院，便选址于孝陵卫。农科院曾研发多种西瓜良种，如一九六六年开始推广的华东二十四号（俗称陵园红）和华东二十六号（俗称陵园黄），一九七九年的苏蜜一号，近年盛行的八四二四等。新品种占领市场后，陵园西瓜渐被淘汰，如今已只剩下儿时的甜美记忆。

二十世纪中叶，马陵瓜品质已经退化，所以价格也比较便宜。陵园西瓜一般五六斤重，但价钱与十来斤重的马陵瓜差不多。所以经济条件好的人家多买陵园西瓜，收入低而人口多，就只好买枕头瓜了。我们家是吃枕头瓜多，母亲认为，西瓜的品种、口味有差，清热消暑的功能相同，维生素的含量也不会有太大分别。我们相信母亲的道理，但哪天看到父亲拎着陵园瓜回来，还是格外地开心。

其实无论陵园瓜、枕头瓜，一个星期能买上两回就不错了。没有西瓜的日子，母亲有时会买个香瓜，香瓜价格虽然和西瓜相差无几，但多半只有一斤来重，总价要低得多。当时最出名的是江浦县种植的芝麻酥香瓜，瓜形有棱，黄皮绿肉，香气扑鼻，甜酥爽口。因为瓜小，切开来一人只分到一小牙，所以格外珍惜，清理丝丝缕缕的瓜瓤时都小心翼翼，尽量少丢弃一点，不小心就会把瓜瓤吃下肚。香瓜瓤很容易引起腹泻，所以俗谚道："香瓜甜蜜蜜，茅厕在隔壁。"真正能敞开肚皮吃的是黄瓜和菜瓜。尤其菜瓜，一斤两分钱，便宜时斤把重一根只卖一分钱，母亲很喜欢拎一篮菜瓜回家，洗干净了，给我们人手一根，颇有梁山好汉大碗喝酒、大块吃肉的气派。菜瓜虽大，就是没什么味儿，只落个嚼得嗑里咔嚓的痛快，不过小肚皮撑得滚圆，正可以少吃些饭食。

油炸干儿

小时候，走街串巷的小吃挑子中，有一种是卖油炸干儿的。一根软溜溜的毛竹扁担，后担类似分层的橱柜，装着原料、佐料、工具和柴火；前担上层固定着油锅，下层是柴火炉。油锅上架着个半圆形的铁丝框，炸到皮色泛金的小方块豆腐干儿，用细竹签穿起，五块一串，斜架在铁丝框上。有人买时，再下油锅走一走，趁热浇上些红红的辣椒酱——其实淡得很，并没有多少辣味，只是给人一种热辣辣的感觉。实在怕辣的人，则可以淋上酱油汤。

油炸干儿分香、臭两种，可是听见小贩拉长了声调吆喝："油炸——干儿——回卤干！"闻到的则都是臭干儿的气味。南京人喜欢吃的也是炸臭干儿，"闻着臭，吃着香。""文化大革命"中臭豆腐干儿也出了名，被用来比喻资产阶级思想情调。可是批归批，并不影响卖臭干儿的生意。香干儿闻着香，吃着也香；更有一番好处，就是没卖完的也不会浪费。精明的小贩会带着一只小煤炉，上面煨着一个大钢精锅黄豆芽汤，煨得汤汁乳白，炸香干儿放进去一炖，就成了回卤干儿，别有一番滋味。

油炸干儿的原料，其实并不是豆腐干，就是豆腐，炸臭干儿用的是臭豆腐，所以才能炸得外壳焦黄、内里粉嫩。南京人图的就是那个口味，所以从没有人去计较这命名。我的老家绍兴，不愧为刀笔吏的产地，准确地称之为"油豆腐"，也就是油炸豆腐。读鲁迅的《在酒楼上》，"我"要的下酒菜，便是"煮得十分好"的"十个油豆腐"，那就类似于回卤干儿了。现今南京咸亨酒店里的油豆腐，则是干炸的。

臭豆腐，南京人也有回避那个"臭"字的，就叫作黑豆腐。豆腐的做法，各地大同小异，无须细说。而南京的臭豆腐，据我所见，是在豆浆点卤之后，装进一种特制的小蒲包，扎紧包口，再浸入臭卤中，用青石块压住。臭卤是透过蒲包浸润豆腐的，所以豆腐上绝不会沾着渣滓。打开蒲包后，一块块臭豆腐是圆饼形的，通身能看出蒲包格，面上还有蒲包收口的折痕。

臭卤的优劣，直接影响到臭豆腐的品质。传统的臭卤，是以天然植物沤制而成。陈作霖《金陵物产风土志》中有介绍："取芥菜盐汁，积久以为卤，投白豆腐干于瓮内，经宿后煎之蒸之，味极浊馥之有别致，可谓臭腐出神奇矣。"江南一带常用的是芥菜、竹笋头、野苋菜茎、金银花等，都是有茎有节，不会很快沤化的东西，配上生姜、胡椒、花椒，加水煮开，放盐，装坛，任由它发酵沤化，一年两年，其卤味浓而无害。近年传说有用化工原料的，甚至有直接用粪水的，臭则臭矣，如此毒物，哪还有人敢领教？幸而警方接连破获了若干黑作坊，吃客们悬起的心，渐渐又放下来了。

炸香干儿用的豆腐，好像还比较安全，不过回卤干儿也有偷工减料的。现在小吃店里挂牌的回卤干儿，黄豆芽尚未煮烂，汤淡薄如白水，加在汤里的也多半不是油炸干儿，而是切碎的豆腐果。豆腐果虽然也是豆制品，也经过油炸，但远没油炸干儿那样酥透，口味差得太多。就像石墨和金刚石，都是碳的同素异形体，可谁能拿石墨当金刚石卖呢。

名副其实的豆腐干儿，也可以做小吃，但不是油炸。豆腐干儿大体分两类，一类是小而薄的酱油干儿，南京人叫"秋油干儿"的，同样有香、臭之别，香干儿棕黄色，臭干儿蓝灰色，一望可知，都可以生吃。南京人通常是将其切成方丁，浇上点小磨麻油，做下饭小菜；倘若再加上碾碎的花生米和芫荽丝，用麻油拌匀了，那真是色香味俱全，又有嚼头，吃得人齿颊生香。这大约可算秋油干儿的经典吃法了。据说金圣叹在南京三山街被砍头前夕，传下的秘诀，就是"花生米与豆腐干同嚼，味比火腿"。

另一类是大白方干儿，不宜生吃，通常用来做菜。当年秦淮茶馆里必备的煮干丝，用的就是这种白干儿。据说煮干丝最初是由茶馆里的伙计经营的，伙计的收入主要靠茶客的小费，难以维生，所以想出这种办法，带着点搭售的意思；茶客抹不过面子，很少有人拒绝。而且这份干丝，刀工纤细，汤汁够味，配料考究，实在也不能说是花了冤枉钱，后来吃得上瘾，喝茶吃干丝竟成了规矩。兼卖点心的茶馆，第一道点心上的也准是煮干丝，这就是伙计们的近水楼台了。

各家茶馆都做煮干丝，便不免暗中较劲。有的茶馆上豆腐店定制白干儿，要求"嫩而不破，干而不老"，便于施展刀工，一厘米厚的白干儿能片出十八层，切出的干丝细如竹丝；有的在汤上下功夫，用鸡汤做调料，还不能让鸡味盖住干丝味；有的在佐料上出花样，姜丝之外，再加香菇、春笋，以至鸡丝、虾茸、火腿、海参，真是八仙过海，各显神通。

二十世纪八十年代初，中华门外雨花茶社的煮干丝声名远播，许多人不泡茶专去吃干丝。我曾与朋友前往品尝，进门口就架着块五六寸厚的大圆案板，一位兜着白围裙的老人，面对着店堂切干丝，等于表演给茶客看。最令人惊叹的是，那样一把厚背大刀，在他手里运转自如，剖出来的白干儿片只有刀口厚薄，切成的干丝和姜丝混在一起，难以分辨。后来看老剪纸艺人用一把大剪刀剪出纤细的花样，我就会想起切干丝的那把大刀来。

雨花茶社位于大报恩寺的门前，早就被拆得不见踪影。而现在有些小吃店的煮干丝，竟是用千张丝混充的，让人也没法再说什么了。

———————— 见血封喉 ————————

　　一九五七年春天，大人们的心情都不错。元宵节刚过，父亲同事家里新生的小兔宝宝满月了，带到单位里分送，父亲也兴致勃勃地抱回一对。母亲照料一家人的生活，已经够烦，可是看着那粉团似的小可爱，不禁心软，再加上我和大妹保证负责割草捡菜叶做饲料，她也就同意了收养它们。

　　那年月，孩子们好像都爱喂养点小生物。最普遍的是养蚕，学校里老师也积极鼓励，指导学生观察蚕的生长状态，随时记录，将来可以写作文。下课时女生们各从课桌抽屉里取出个小纸盒，添桑叶清蚕沙，明里展示暗里较劲。可是一眠二眠，蚕日大而桑日少，家里有桑树的男生就成了偶像，女生们争着代写作业，作为他们采桑的换工。其次是养鸡，黄绒球似的雏鸡，为了区别主人被涂上了黑墨水、红药水、紫药水，在院子里滚来滚去，还喜欢围着人的脚边转，结果常常被踩死。幸存的似乎总是公鸡，养大母鸡生蛋永远是主妇们的梦；而公鸡总是在打鸣前被炖成童子鸡，给家里正发育的"公鸡头儿"增加营养。男孩子的乐趣是斗蟋蟀，却被老师深恶痛绝，甚至能专门为此进行家访。装在竹管里准备放学后大战一场的虎将，偶然一声鸣叫，必然被老师听到，搜出摔扁，踏为肉泥，连竹管都被踩碎。

小白兔没法抱着去学校，只能口头炫耀。同学多是左右隔壁邻居，于是常有人掰了家中的菜叶来串门，以争取亲手喂兔子的光荣。每天放学经过汉西门大街上的菜市场，我都要从小贩丢弃的菜堆里，捡新鲜些的蔬果带回家，或者提个小竹篮到城墙根挑点野菜嫩草。兔子不挑食，见什么都凑近了闻闻，然后就张开三瓣嘴大嚼起来，吃饱了便追逐嬉闹，和孩子们逗趣，不知不觉中越长越大。它们最初住在一个鞋盒里，不久换成了大竹筐，但还是会跳出来乱跑；后来是父亲请工人编了个长方体的铁丝笼子，扣在厨房地面上，才算得以安居。

那个春天，是全家人最欢乐的季节。我们放了学，头一件事就是去逗兔子；得到妈妈允许，还可以放出笼游戏。小白兔静静地蹲着，用红宝石般的圆眼望人，一眨也不眨，突然跃起，就从人缝间穿了过去，引得姊妹们一片欢叫，七手八脚地追逐。晚饭后，父亲问过我们的作业，也会背着手去看看兔子，听我们说兔子的轶闻逸事。两只兔子俨然成了新的家庭成员。

夏天才开始不久，情形就不同了。父亲下班越来越晚，有时吃了饭还得再去学习，偶尔会压低声音同母亲议论几句。母亲的脸色也越来越沉重，常常连兔子都忘了喂。我们懵懵懂懂地感觉到，是哪里出了什么事情，不过毕竟属氓氓小民，没有伟人的思维逻辑，所以不会开口问一声："这是为什么？"幸而也就放暑假了。喂兔子成了我的专职，每天趁早凉割草，最远能跑到清凉山下。两只兔子都长到一斤多重，抱在手里沉甸甸的。

九月开学，没法去割草，而兔子的食量大增；听着它们饿得吱吱叫，母亲只好买些便宜的蔬菜喂它们。铁丝笼子对于它们也有些嫌小了，说不清哪一天，两只兔子开始在厨房的泥土地面上打洞。是想开拓更大的活动空间呢，还是担心冬天来了会挨冻呢，总之是它们的本能吧，我们只好将它们挖出的泥土清掉。兔子不愧为打洞能手，没几天就挖到地下一尺多深，然后水平推进，又有二尺左右，我们要下蹲勾头，才能勉强看到它们在洞底的身影，有些怀疑它们是想打洞逃跑。幸而兔子也就停了工，此后多在洞里活动，食物也是拖到洞里去吃，只有拉屎一定在洞外。母亲担心洞里潮湿，从草垫上抽几把稻草给它们，果然大受欢迎，一根根都衔到洞里去了。母亲还发现它们相互梳毛，梳下的毛铺在稻草上，真是个温馨的小窝呢！

转眼到了初冬，记得已经飘过一场小雪花，厨房显得格外暖和，兔子们也总是懒洋洋的。院子里谁家养的鸡，被黄鼠狼叼了，拖出鸡窝老远，血都被吸干了。老人们说黄鼠狼打不到野食，就会来偷家禽，鸡笼都得盖严实些。万没料到，黄鼠狼会打兔子的主意。夜深人静，两只兔子忽然尖叫起来，声音惨得瘆人。母亲是第一个惊醒的，立刻冲到了厨房门边，可是心慌手软，门上的搭扣就是拉不开，急得跳脚。我们都吓呆了，还是父亲赶过去，打开厨房门，拉亮电灯。兔子不叫了，也不见黄鼠狼的踪影，似乎一切都复归平静。然而，看看洞里，一只兔子横躺在洞口，另一只呆呆地伏在它身后。父亲叹了口气，把母亲拉回房里。

厨房里的灯就一直亮着。

早晨起床，我们都挤到厨房里看凶案现场。死兔子被从洞里提出来，直僵僵的，可浑身上下皮毛依然洁白，连伤口都看不到。可它怎么就死了呢？父亲拂开兔毛，在颌边找到了一个米粒大的出血点。见血封喉。父亲说，兔子只要一出血，就活不成。

见血封喉。我牢牢记住了这个词，直到三十年后才发现，这是一种剧毒植物的别称，与兔子的死亡并无关系。

当天中午，死去的兔子变成了一碗香喷喷的红烧肉。那年头，吃肉是生活中的一件大事，一个月也摊不上几回，可是我一点食欲都没有。母亲劝我说，兔子养大了，不就是杀来吃的吗，这兔子你喂得最多，该多吃几块肉才是！我相信母亲说的是道理，可就是不想吃；看着弟妹吃得开心，还有点奇怪，他们难道不晓得，这就是给我们带来无数欢乐的白兔啊！

幸存的一只兔子，可能是受了惊吓，更是整天躲在洞底，难得露头。喂它的白菜叶、胡萝卜，放在洞口边，它偶尔出来，恹恹地啃两口，就又缩回洞底去了。母亲在院子里与邻居说起，都讲这兔子也活不长，兔子胆子小，说不定胆已经被吓破了；又说不拘什么鸟儿，一块儿长大的，失了伴都是难养；又说它这样不吃不动的，很快就饿瘦了，还不如趁早杀了吃。母亲被说动了心，把兔子抱出来，比前一只还更肥些，可是不晓得该怎么杀。几个大妈都没见过杀兔子，正议论着，一个抗美援朝回来的复员军人经过，笑道，这还不简单！从母亲手中抓过兔子，握住两条后腿，抡起来，朝院墙上掼去，只一下，都没有来得及挣扎的兔子就死透了。

母亲看着兔子如此惨死，也有些不忍心。可是后悔已迟，只得把死兔子提回厨房，剥皮开膛。肚子破开，母亲"咦"了一声，不禁泪流满面。原来那是只怀孕的母兔，八九只小兔子已经成形，就要生产了。母亲呆呆地坐了有半个钟头，后来请邻居帮忙，把小兔子埋在了院子角落的苦楝树下。

放学回家，房间里弥漫着兔肉的香气，我就知道不好，急忙朝厨房跑，被母亲拦住了。说到将出生的小兔子，她又流了一回眼泪，可我还是不能原谅她，一定要她领我去看掼死兔子的地方。青砖院墙一如既往地立在那里，坚如磐石，看不出任何异样，甚至都找不到一点血迹。

一只兔子，一只即将做母亲的兔子就这么死了，一群即将出生的小兔子就这么死了，死于邻居大妈的闲话，死于过路闲人的多事，死得了无痕迹。这是多么残忍的现实。

父亲在一边劝解，说算了算了，等同事家生了小兔子，我再讨一对回来。

那天晚上的兔肉，母亲也没有吃。

厨房里的那个洞，久久没有填起。然而父亲也没有再抱小兔子回来。有一天，我从洞边走过，突然想到，相比临产的母兔，公兔行动敏捷得多，先被咬死的该是母兔才对。一定是公兔为了救护母兔，奋不顾身地冲上前去与黄鼠狼搏斗，就是死了，也还要堵在洞口。然而，它牺牲自己，从黄鼠狼口中救下的孩子，却断送在了喂养它的人手中。

就是在这一天，我以为我长大了。我第一次对死亡、对杀戮、对生命的意义有所思考。我怀疑人们屠杀其他动物的权力——因为你喂养了它，你就可以随意杀了它吗？

这也就注定了我将比别的孩子遭受更多的烦恼。

半个世纪之后，兔肉成了最受青睐的健康食品，内子常把兔腿和鸭腿切块，混在一起红烧，我总是拣鸭腿吃。其实没准也吃了兔肉，但我始终认定我吃的是鸭腿。

人们的种种饮食禁忌，或许，就是这样形成的。

梦粱录

——— 麻 团 ———

饥饿感是突如其来的。

忽然之间，每个人都觉得没吃饱，每个人都想找到更多的东西填肚子。想想也是奇怪，人民公社"吃饭不要钱"的豪言犹在耳边，"组织军事化，行动战斗化，生活集体化"，全家老小捧着大锅小盆上食堂免费打饭打菜的景象恍在眼前。"共产主义是天堂，人民公社是桥梁"的大标语满街都是，墙上艳丽的壁画还没褪色，街头那一幅"猪多肥多，肥多粮多"，黑白花的群猪肥壮如大象，金灿灿的谷堆耸入云霄。我们院子里，就在掼死兔子的那面院墙上，画着一株直通月宫的玉米，结满了龇牙咧嘴的玉米棒子；月宫大门敞开，嫦娥抱着玉兔，满面欢笑地迎接人间来客。还记得我和大妹每天争夺家里的煤灰，要带到学校里制造"土化肥"和"细菌肥料"；还记得老师在课堂上宣讲，政府深谋远虑，已经在考虑粮食吃不完该怎么办！

最千真万确的是，父亲单位办大食堂缺人手，尽管小妹还没满周岁，母亲也被动员去帮工，从此就算参加了革命工作。

大食堂因缺粮而结束，同时办起的幼儿园则没有关闭，母亲因为有汇文中学高中毕业的底子，便转去当了孩子王，二十几年后领到一份退休工资。

母亲不是一个热心时事的人，思想甚至还有些保守。办大食堂的同时，学校里动员交破铜烂铁，支持大炼钢铁。有同学把锅、炉、瓢、盆都抱去了，受到老师表扬。母亲坚决不答应，只给了我一只烂了底的铁锅，本来是她装了泥土种小葱的。待到食堂散伙，有人家连饭都做不成，我才佩服母亲的先见之明，从此也养成一个习惯，绝不参加大合唱。

然而就是母亲，也只能让我们吃得半饥不饱的。

十月里，星期天，我带弟弟在朝天宫棂星门前玩儿，看着他懒洋洋地爬上青石台阶，从边栏上往下滑。宫前广场上聚了不少早点摊子，馒头稀饭，烧饼油条，蒸饭豆浆，油炸干儿，振儿糕，最诱人的是麻团，焦黄喷香，外酥内糯，就是吃着别的早点的人，也不由得多看它一眼。

直到今天，遇到新炸出来的麻团，就是不饿，我也会买一个，解馋。

当时，麻团是平民早点中的奢侈品。烧饼是一两粮票二分钱一个，油条是一两粮票二分钱两根，油大饼油汪汪的也有芝麻，二两粮票五分钱一份，唯独麻团，一两粮票五分钱一个。

三四个二十来岁的小青工，围着麻团挑子，过起了嘴瘾，有人说他一口气能吃十个，有人加到十二个，又有人加到十五个，旁人便开始嘲笑他。一个瘦筋筋的黄脸汉子，在一边听了半天，忽然插嘴，说他一顿能吃二十个。

吹牛！马上有人抨击他。

打赌！他回得极干脆，想来已是胸有成竹。

旁边的人都围上来看热闹，趁机起哄："打赌！打赌！"

肚里总是空落落的，能看着别人饱餐一顿，似乎也是一种幸福。

小青工们商量了一下，问怎么个赌法。

简单，二十个麻团，黄脸汉子能吃下去，对方掏钱；吃不下，麻团钱他自己付，还输给对方二斤粮票一块钱。

也就是说，他赢了，白吃二十个麻团；输了，就得付出四斤粮票两块钱。

按当时的标准，南京人月平均生活费是八块钱；粮票发放标准各工种不同，平均每月二十七八斤。也就是说，他赌的是一个人七八天的基本生活资料。

麻团是米粉做的，又经油炸，很不好消化。过年元宵、年糕多吃了点，都能腻在心里几天不舒服。二十个麻团，就算他能吃下去，弄不好也要撑出毛病来。

这肯定不是因为麻团好吃，纯粹是为了饱吃一顿。想必此人是饿吼了。饿吼了的人，更不能撑着；而倘若赌输了，他岂不更要饿上几天！上点年纪的人，在心里盘算过，便发话劝和："算了，算了。清大巴早的，赌什么狠呢！"

黄脸汉子不肯罢休："清大巴早，我们玩儿我们的，关你什么事！"

小青工更不愿丢面子，况且他们几个人分担这赌资，也不太在乎，于是掏出钱和粮票，买下二十个麻团，请黄脸汉子开吃。

黄脸汉子看着麻团，两眼放光，嘴角流露出一丝微笑。他的手已经触上麻团，忽然又停下来，转向隔壁面条摊上，讨了一碗面汤，放在麻团旁边。看热闹的人兴奋地议论着，有的猜他能赢，有的猜他会输，仿佛也有赌上一场的意思。只见汉子双腿叉开，松了裤带，挺胸而立，一把抓起两个麻团，两手一拍，压得扁平，接连几口，似乎嚼都没嚼，到嘴就到肚子里了。立马便有人鼓掌。转眼间风卷残云，麻团已去了一半，他这才端起面汤喝了一小口。

小青工们看着也不在意。十个麻团，谁都吃得下，难在后十个。果然，汉子又拍扁了一对，咬一口，双手就下意识地压一下，仿佛能把麻团里的油腻挤出来，结果却使剩下的部分变得更大，好像他没咬那一口。慢吞吞吃完了，便喝面汤，又借了摊主的抹布揩油手，再松一回裤带。到第十五个，吃法越发细巧了，一个麻团捏在手指间，千金小姐似的，牙尖着去咬，咬下手指大的一块，在嘴里反复品味，舍不得朝喉咙里去。

围观的人，刚才还在冷言热语，讥讽汉子的吃相，这会儿却又同情起他来，有人轻轻地叹息，有人让他悠着点，多喝口面汤，不要噎着，有人劝他吃不下就算了，不要硬撑，人比钱重要。说不清他们是希望他输，还是希望他赢。

汉子的黄脸越发憋得通红。

有人走开了，又有人聚拢来。赌赛已经到了最后关头，所有人都屏声息气，不敢再随便插嘴。旁边的小贩连叫卖声都停歇了，偌大个广场，难得如此清静。

他伸手去拿第十九个麻团，伸出去的手臂犹犹豫豫，手指甚至有些抖颤。他望着麻团的眼中，一片空茫，那伸出的手臂，随时都可能缩回来，宣告赌赛的结束。

我不敢再看下去。拉着弟弟回家去了。无论是输是赢，对于他，都未免过于残忍。

虽然还是忍不住想知道那场赌赛的结果，可我一直没有打听。看到最后的人总还有三四十个吧，可一直没听人说起。或许是因为，食物已经成为生存的同义词，没有人会再拿生命当赌资；或许是因为，人们连议论赌吃的勇气都没有了。我亲眼看到，大街上，有人从孩子的手中夺下半个馒头，在哭叫声中囫囵塞进嘴中；街边小面铺中，有人朝别人的面碗里吐唾沫，别人无奈丢下面碗，他马上夺过，在咒骂声中，飞快地把半碗面条倒进了喉咙。

二十个麻团，那是何等的奢侈啊！

——————— 科学饭 ———————

一九五八年使用频率最高的一个成语，当数"人定胜
天"。比较符合辩证法的语录是"与天斗，其乐无穷；与地
斗，其乐无穷；与人斗，其乐无穷"。不以成败论英雄，先斗
它个不亦乐乎再说。

不料"三年自然灾害"紧随而至，既被钦定为"自然灾
害"，"人"便该施展出"胜天"的手段。于是种种科学发明
轮番上阵，各显神通。与平民百姓口腹紧密相关的一种，叫作
"科学做饭"，有专门的科学家到各单位普及。妈妈因为曾在
单位食堂帮厨，所以也混进会场，学得真传，回家如法炮制。
其中的科学原理，现在已说不清了，做法倒依稀记得，就是依
人定量，称出米来，各装一碗，先用水泡若干时，再上笼蒸若
干时，然后加水，入锅造饭，"出饭率"可增加若干。果不其
然，我和弟妹每人都分到满满一碗白米饭，母亲见我们吃得开
心，也露出了难得的笑容。然而美中不足的是，吃下的科学饭
虽多，却比以往饿得更快。小弟一句话泄露了天机："就跟炸
炒米一样嘛！"南京人说的炸炒米，就是爆米花，比"科学做

饭"简单得多，"出花率"也高得多。

类似膨化食物中，生命力最强的一种是发糕，其科学原理源于发面馒头，但面和得极稀，有如厚糊糊，大师傅也省了揉面的气力，整盆倒入笼屉去蒸；要点是笼屉里的垫布一定要抹点油，免得粘在面上揭不下来。蒸熟的发糕身宽体胖，油光满面，气孔众多，松软适口；若加入适量科技产品糖精，更能甜到发腻。名为发糕，乃取其发旺之意。只是追求这种发旺成为时尚，实在不能说是幸事。

这种发糕，家常也可以做。那时没有冰箱，盛夏时节，上顿剩下的稀饭很容易馊，母亲不舍得丢弃，就掺进面粉蒸成发糕，稀饭糖化后全无异味，格外香甜，大受欢迎。如今糖尿病人多，医生告诫绝不可吃稀饭，是很符合科学道理的。发糕当不是始于"三年自然灾害"，近年也还有早点店在做，而且有用米粉、玉米粉的，有添加各种配料的，花色繁多，宣传语的核心就是"易消化"。

膨化食品流行的结果，是人的身体也开始膨化，俗称浮肿病。这病的学名叫什么，我没有研究，好像也没什么人深究。这病的检测很简单，无须借助科学仪器。母亲常常坐在床边，用手指去按小腿面，一按一个凹窝，好一会儿都不能还原。她隔几天也要按按我们的腿面，虽然多少会有一些浮肿，但没有母亲那么严重。邻居有更严重的，整个头脸都明显地胀大了一圈，支撑不住，只能躺在家里熬。现在的人以胖为丑，想方设法不惜代价减肥，可减个半斤一斤都困难；那时的人以不"胖"为健康，而这浮肿病的疗治也很简单，无须使用科学产品，只要稍有饱饭吃，十天半月必见成效。

遭逢"三年自然灾害"，毛泽东思想武装起来的中国人民竟不能"胜天"，也是有客观原因的，据说是苏联赫鲁晓夫修正主义集团趁机逼债，加剧了坚持社会主义道路的中国的困难，所以后来改称"三年困难时期"。

中国古代有个经典笑话，某官二代听说百姓没有饭吃而饿死，好奇地问："为什么不吃肉糜呢？"其时人民政府的官员，多出身贫苦，自然不会说这种蠢话，他们给人民的建议，是"瓜菜代"，也就是以瓜菜替代粮食，科学的说法叫作"合理安排"。然而，当时瓜菜同样属于控制供应的稀缺品，山芋不说了，须用粮票购买；南瓜、土豆、芋头，包括我素不爱吃的慈菇，阿Q上尼姑庵偷的萝卜，凡能当饱充饥的瓜菜，菜场上一概看不见。所以我们可以放心地讥嘲赫鲁晓夫"土豆加牛肉"的共产主义，因为中国人民的餐桌上，既没有土豆，更没有牛肉。

我查到一九六一年四月二十二日中共南京市委宣传部编印的宣传材料《更高地举起三面红旗，信心百倍地继续前进》，其中没有一九五九年的数据，但说全市二百七十万人，一九六〇年"以城市人口平均计算，每人每天可以吃到鲜菜八两左右"，比一九五九年"增长百分之二十五（'春缺'期间的供应量比一九五九年同期增加百分之七十五点八；在'伏缺'期间，八月的供应量不但没有减少，相反比旺季的六月增加了百分之四十二，比一九五九年'伏缺'期间增长一点四倍，每人每天可以吃到一斤菜）"。据此，有兴趣的朋友可以算出一九五九年的"人均"蔬菜供应量。

此件首页有一个说明："现将南京市第四届人民代表大会第一次会议的政府工作报告和部分代表的发言摘要汇编成此资料，供报告员、宣传员进行形势任务宣传时参考。此系内部资料，仅供口头宣传，不得文字转载和翻印，并注意保存。"就算这些供"口头宣传"的数据没有水分，蔬菜在运销过程中也没有损耗，这种"人均"数量，与现实供应量之间，往往也差距甚大。近年来"被平均"已经成了一种政治笑话。当年蔬菜供应量是否属于"被平均"，我不便妄论，但可以提供一个参考数据。同一材料中说到肉类水产的供应，"除了保证广大人民的供应外，我们对钢铁煤企业特殊工种和病员、产妇、运动员、演员、高级知识分子等都做了重点安排和必要照顾。这方面供应的数量是较大的。据统计，仅肉就有四百五十万斤，占全市供应总量的百分之五十五；鱼一千二百万斤，占供应总量的百分之五十以上"。平均"每人每天八两"的蔬菜，会不会也有一半用于"重点安排和必要照顾"？至于所列"重点安排和必要照顾"人员后面的那个"等"中，是否另隐含着些什么人，同样不宜妄测。

　　这份文件中，也没有说到供应蔬菜的具体品种，印象中，那几年菜场最常见的蔬菜，只有"飞机苞菜"和胡萝卜。在那个不正常的年代，连蔬菜都不会正常生长了。"飞机苞菜"名为苞菜，却具有飞机的形态，叶片不能包起，而是张牙舞爪地支棱开来，有两个甚至四个"翅膀"，像飞机的机翼。当时绝大多数中国人，都没有近距离地见过飞机。我们的生活中只有纸折飞机，无须科学，把稍硬的纸折出两个翅膀来，就能随着人手甩出之力滑翔一段距离。二十年后，我第一次乘飞机时，猛然悟到，飞机能够飞上天，不仅是因为有翅膀，更重要的是有动力。"飞机苞菜"徒有其形，全无动力，就此而言，用来作为中国大跃进的象征，倒是十分恰切。乘坐这样的飞机，肯定是飞不进"共产主义天堂"的。不过这菜也有好处，只要还不是老得嚼不动，茎干微有甜味，也能当饱熬饥。

　　再说胡萝卜。我们家此前很少吃胡萝卜，除了过年炒蔬菜做配色，大约就是烧羊肉时用以解膻味，羊肉烧好便捞出扔掉的。实则胡萝卜营养丰富，专家经科学分析，证明它所含蛋白质、碳水化合物以及所能提供的热量，比一般瓜菜高得多，更不用说维生素A本名就叫胡萝卜素；而且它历来是救荒良品，《救荒本草》说它"采根洗净去皮生食亦可"，蒸煮熟食也方便。西方人做沙拉，胡萝卜是必备之物——这个且不谈，那年头见识过沙拉的中国人微乎其微，抨击过"大棒加胡萝卜"的则大有人在。只说科学，同样有专家研究指出，胡萝卜素摄取过量会致病，学名"胡萝卜素血症"，症状为剧烈头痛、头面和手足皮肤黄化、食欲减退，甚而恶心呕吐，迟钝思睡。不过这一点，当时没人公开说明。因为这"胡萝卜素血症"，没有特别的治疗方法，停食后即可自愈。姑且不论当时中国的胡萝卜远未丰富到能令国人普遍致病，吃多了胡萝卜不舒服的人自然会停食，中国人民这点智慧总是该有的，所以专家或政治家觉得无须提醒他们。

遗憾的是，当时不吃胡萝卜就必得挨饿，二者必居其一。母亲将胡萝卜放在饭锅上蒸熟，初时规定，饭前先吃一根胡萝卜；后来粮食越紧张，遂改变政策，吃完两根胡萝卜才许吃饭。两根胡萝卜下肚，胃口彻底败坏，饭都不想吃了。尽管当年，可能就是这胡萝卜维系了我们的生命，我还是由此落下一个毛病，此后二十年，看到胡萝卜就犯恶心。

南京人原本就有爱吃野菜的习惯，然而此时，平素常吃的荠菜、椿芽、菊花脑、豌豆苗、苜蓿头之类，早已踪影全无。也是天无绝人之路，尽管"自然灾害"导致粮食歉收，野生植物倒生长得蓬蓬勃勃。周围像我这样大的孩子，都曾结伴到清凉山去打槐花、挖野蒜。夏天暴雨后再经暴晒，五台山体育场上的洼地中，可以捡到地皮菜。近年有一回，偶然同年轻记者说起，她大感惊讶，以为雅事，完全想象不出那后面的心酸。母亲只活到七十三岁，晚年常常叹息，这一辈子，苦吃得太多了，一点精气，都熬光了。

能吃的都吃完了，于是有人弘扬神农尝百草的精神，试着吃那些不认识的野生植物，结果不幸中毒以致送命的，时有所闻。

这时就又用得着科学了。当时国家和不少省份都出版过介绍野菜品种和有毒植物的专著，参与编撰的起码是省一级科学研究机构。三十年后，我稍加留意，就收集到十余种，封面设计朴实无华，一律以黄里透黑的再生纸印刷，呈现出鲜明的时代印记。这无疑是继承了祖先编撰《救荒本草》的优良传统。至于这些书能不能送到饥民手里，是不是有效发挥过拯救饥荒的作用，就不是我所能知道的了。

——————— 猪头糕 ———————

　　一九六一年春节，家里弥漫着难得的欢悦气氛。当年孔老
夫子听了什么音乐，三月不知肉味。我们听了一年的跃进歌，
已近两年不知肉味。可是这年，情况不同了，家里有了肉！去
年一年，父亲单位在苏北农村打灌溉深井，腊月下旬，父亲去
工地结账，通过当地政府，弄回十来个猪头，一路上几经盘
查，总算平安到家，领导们悄悄分了。父亲虽非领导，但是功
臣，所以也分到一只。

　　那年头猪也瘦，一个猪头十来斤重吧，装在旧麻袋里，路
又不远，父亲一个人本该能提回家，可他却托人带信，要母亲
下班后去帮他"拿东西"，其实该是想早些让母亲分享那一份
欣喜。两人合力将那只麻袋提到家，关上房门，母亲忍不住笑
逐颜开，解开袋口，便唤我们看。袋底里那个黑乎乎毛茸茸的
丑陋怪物，吓得小妹差点哭出来。母亲也是头一回看清猪头的
原生态，不禁犯了难：这玩意儿，怎么才能吃到嘴里呢？

　　母亲回想早年，外婆开着酒店，家中送灶、祭祖，例用猪
头，但都是花神庙的坟亲家刮洗得白白净净送过来的；祭祖之

后的猪头，则分给了酒店伙计，自家从来不吃。所以对于去毛和烧煮，完全没有印象。

父亲兴致勃勃地插嘴，说浙东一带，专门养做过年祭祖用的猪叫"岁猪"，猪头上皱折重沓，很像"寿"字，所以叫"寿字猪头"。南京人骂人"寿头"，比"猪头三"含蓄，实则都是拟人为猪。又说南唐有个翰林学士陈乔，就喜欢吃蒸猪头，讲这玩意儿面目虽然不好看，味道确实不错呢！

母亲白了他一眼，这些故典对于处理猪头毫无帮助。她果断地撬开猪嘴，卸下口条，刮洗干净，用蒜叶炒了，让全家先解回馋。

"世上无难事，只怕有心人。"母亲上单位食堂请教了大师傅，顺便借了只特大号的铝锅回来。然后依法行事，用一根纸媒把猪毛燎掉，再照平时处理猪脚爪的办法，反复刮剔，接连两晚都忙到半夜。周六晚上，终于将洗净的猪头装进大锅，炖上煤炉。

猪头煮沸，那个腥臭气味，熏得人进不了厨房。母亲奋不顾身，将一锅滚水倒掉，换了冷水，加五香、八角再煮，怪味稍淡。不知换过几回水，第二天早晨起床时，从房间里到天井外，便都是猪肉诱人的浓香了。好在当时各家各户都在准备年菜，不至于太引人注目。

姊妹们都挤进厨房，巴望能讨块肉尝尝。母亲坚决地把我们赶开了。她说，不要说没烧好，烧好也不许吃。这是过年的菜!

母亲确也为难。看上去偌大个猪头，其实并没有多少肉，若像卤菜店里那样分切，也切不出几盘来。亏得父亲有主意，他让母亲继续煮，煮得肉都离了骨，将光溜溜的猪头骨取出来，然后连汤带肉，加上葱姜椒盐各种作料，一锅烩，烩透了，等它凉，凉成乳冻，再切作长方块，美其名曰"猪头糕"。

取出的骨架，敲开头盖，取出猪脑，浇上酱油，也成了一份美食。记得小时候，肉店门前放张小桌，桌上一溜小碗，碗里盛的便是完整的生猪脑，五分钱一碗。中医的说法，吃什么补什么，所以常有家长买了，蒸给念书的孩子补脑子。那时候从没觉得猪脑好吃，真是"身在福中不知福"了。剔净的骨头，母亲让父亲用刀背砸开了，加水继续熬，熬出的汤汁烧青菜，居然尚有肉味，直到过完小年才丢掉。

从三十晚上开始，每顿正餐，小姊妹们都可以分到一大块美味肥腴的猪头糕，一边吃，一边探究其中的内容，你吃到猪耳朵，我吃到猪眼睛，互相夸耀，吃完了，还意犹未足。

想想三年前，母亲去肉店买猪肉时，都要小心地避开槽头，也就是靠近猪头的部分。印象中只有拖板车的工人，中午在街边歇晌，打二两小酒，一片荷叶包半斤猪头肉，要靠那个撑持重体力活。父亲有时上卤菜店，也是买半个卤猪耳，偶尔零钱多带点猪头肉，大家都只拣一两块尝尝，剩下的就相互谦让了。不过这回的热情，也只持续到年初三，再吃便有些发腻。胃里泛上来的气，都是猪头的臊味儿。

三年大饥荒中，"高级馆子"在平民百姓眼中宛如海市蜃楼，可我们家居然也享受到一回特殊化的待遇。虽然仅此一回，而且是付了钱的，父亲仍自豪了好几年。那年月，你有钱就想买到猪头吗？猪尾巴都买不到！然而我家住的是单位宿舍，没有分到猪头却闻到肉香的，大有人在，所以"文化大革命"一开始，就有人贴大字报揭发这一回的特殊化，领导挨斗时父亲差点被拉上台陪站，此后便再也不敢提起这优胜纪略。

一牙月白

豆腐是最平常不过的食品。

关于豆腐的歇后语，比如，张飞卖豆腐——人硬货软，麻线穿豆腐——提不起来，卤水点豆腐——一物降一物，豆腐掉在灰堆里——吹不得掸不得，对豆腐都有着不恭的意味。只有瞿秋白在与人世永诀之际，还巴巴地记挂着它："中国的豆腐也是很好吃的东西——世界第一。"

古人有言："豆腐一物，可贵可贱。"豆腐可以搭配入菜的范围极广，可谓文武昆乱不挡。平民的餐桌上，豆腐也算是美肴了，隔三岔五会吃上一回。街坊邻居上菜场，回头菜篮里不是青菜豆腐，就是豆腐青菜，便会心照不宣地互赞一句："好！青菜豆腐保平安！"这话放在今日，可谓养生祛病的至理名言；然而当年的百姓，实是吃不起大鱼大肉，不是油水太多，而是油水太少，话中不无解嘲之意。

南京的主妇，都会做几样豆腐菜。最简单的，夏天切些葱花，滴上几滴麻油，凉拌豆腐，还有个好口彩："小葱拌豆腐——一青（清）二白。"此菜可荐作纪委食堂的头菜。近年时兴的"台湾豆腐",以皮蛋丁拌豆腐,反弄了个黑白混淆。黄豆芽笃豆腐,是南京家常菜中的名菜,只是"千滚豆腐万滚鱼",太费煤火。冬日将豆腐用滚水浇过,放在窗外冻一夜,便成了冻豆腐,竟体多孔如蜂巢,易入汤汁,更是别有一番风味。父亲从未学过做菜,竟也会做一道"虎皮豆腐"。

传说朱元璋贫贱之际,一日饿倒路边,被几个叫花子看到,急以讨来的剩饭和豆腐、菠菜等杂烩一锅,将他救活。朱元璋在南京做皇帝时,怀念起这佳肴,找了叫花子去问。叫花子不敢委屈皇帝,一时情急智生,道是"珍珠翡翠白玉汤"。南京民间流传朱元璋的故事,多涉讥讽,也就姑妄听之。及至成年后读《随园食单》,说到肥嫩菠菜与豆腐加酱水煮之,杭州人称其为"金镶白玉版","如此种菜,虽瘦而肥,可不必再加笋尖、香蕈"。这才明白那故事未必是特为杜撰来调侃朱皇帝的。

然而,就是这古代叫花子都吃得上的豆腐,不经意间,竟也成了奢侈品。时在一九五九年,豆腐要凭票购买了,每人每月发一张豆制品票,只能买一块豆腐。一家五六口人,勉强够吃三顿。

人们忽然想起豆腐的种种好处来,尤其在各种蔬食中,豆腐是最能当饱的一种。对于长期处于半饥半饱状态的胃,豆腐的诱惑力实在太大了。而因为豆腐的短缺,市民的食谱中,遂增添了两种新的豆制品,一种是豆饼,一种是豆腐渣,"自古

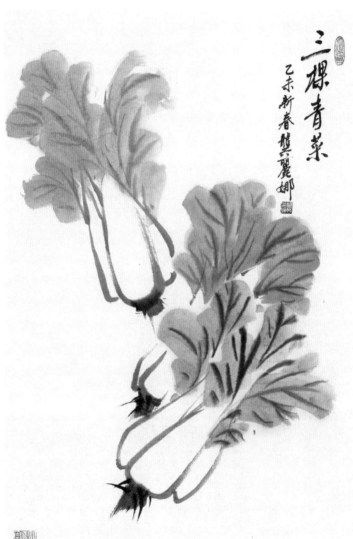

三棵青菜

乙未新春龔麗娜

以来"是做饲料喂牲口或做肥料育庄稼的。旧时民间送灶，为哄灶王爷来年多加怜悯，主妇会在锅里放一块豆腐，以示生活贫苦；更有促狭的人，索性放上一把豆腐渣。然而此时，能有办法将豆腐渣弄上餐桌，竟令人十分艳羡。豆腐渣可以加葱蒜炒了做菜，也可以掺进米里做饭，虽然糙涩腥苦难以下咽，但充饥是没有问题的，也不至于像观音土吃了拉不下屎来。时任南京博物院院长的曾昭燏先生，就曾以豆腐渣炒红辣椒佐餐。与豆腐渣相比，榨油副产品的豆饼可以算营养丰富，蛋白质含量和热量都相当高，且因为无论何等先进的榨机，都不可能将黄豆中的油脂完全榨尽，所以嚼起来不乏油香。父亲从单位里分得的半块豆饼，多半被我们偷偷掰下当作零食。母亲发现后叹息一声，说，怎么吃也是吃，总归填进肚子里就是了。

食品供应最紧张的一九六〇年，就算有豆制品票也不能保证买到豆腐，于是每天凌晨，豆腐店门前都会排起长队；排在后面的人往往落空，排队的人就越赶越早。父母白天要上班，不能整夜不睡，只好考虑轮换。我不止一次在半夜三点钟起床排队，母亲到五点钟去接班，我回家还能睡个回笼觉。而不满十岁的大妹，就得负责做早饭。

有的人家没人轮换，就想别的办法，在队伍里放上只破板凳、旧菜篮，甚至就是块砖头，求后面的人照应着，队伍挪动时帮着踢一脚。后面的人踢了几回，不耐烦，想想自己在这儿受累挨冻，别人在家抱热被窝，一脚就把那玩意儿踢到队伍外面去了。

大妹懂事早，后来自告奋勇，愿意排第一班，我接班后，就得把豆腐买回去了。豆腐店六点左右开门，临近开门时，各种各样插队的人都到了，队伍一下长出来一大截，正经排了三四个小时的人，弄不好反而买不上豆腐。这使我毕生都痛恨插队，年过花甲，还会为插队与人争执。

排得太远时，担心的是买不到豆腐；待到靠近店门，能看见整板的豆腐了，又不免心生奢望，而惴惴不安。所谓奢望，就是能买到带边的那块豆腐。豆腐在加压挤出过多水分时，盖板四周便会拱出一圈突起。因为豆腐是论块计量的，靠边的那块就会多出这一条；而顶角的四块，则会多出两条，轮到的人，简直就像中了大奖。卖豆腐的人，也就多了一种特权，往往看人下刀，轮到熟人朋友，便另起一条，拿带边的那块做个人情。像我这样的孩子，就完全是碰运气了。

那拱出的一圈能有多大呢，也就是筷子粗细；一块豆腐八厘米宽吧，多出那一条，还不知够不够一口！

半个多世纪过去了，当年的困乏冻饿都已淡忘，唯有这一瞬间的惴惴之情，记忆深刻。来写这篇文章时，我便决意为它取个富于诗意的名号："一牙月白。"

———— 三棵青菜 ————

　　辛丑除夕，大约是城里的百姓饿到极致的时段。事过之后，历史学家和社会学家，会英明地指出，那正是黎明前最后的黑暗；思想家和哲学家，会睿智地证明物极必反、否极泰来才符合辩证法。可当时，除了政治家，谁也不敢说这种话。连毛主席都不吃红烧肉了，你能保证自己下一顿准有饭可吃？

　　三十晚上，母亲七拼八凑，勉为其难地总算做出了几样年菜：一碗慈菇、胡萝卜烧猪肉，一条巴掌大的鲢鱼，菜馅鸡蛋饺烩豆芽，炒蔬菜。看看天要黑了，母亲取出家里的酒票和五毛钱，让我去打半斤散装白酒。把玻璃瓶递到我手里时，她又叮嘱了一遍，下台坡时小心滑，别把酒瓶打破了。

　　出门时已经飘起了小雪花，好在杂货店不远，拐上汉西门大街，南行三四十米吧，就在菜场的对面。因为店门前铺着三层青石台阶，差不多有我们半人高，所以都叫它"高台坡"，是附近最大的一家杂货店。阴沉沉的暮色中，店里的低瓦数电灯黄黄地眨着眼，好像也倦得要睡了。门前的铺板已经上了一半，店堂里坚守在为人民服务岗位的值班店员，除去了白围裙，摘掉了蓝布护袖，双手笼在棉袄袖筒里，百无聊赖地倚在柜台上，随时打算回家吃年夜饭的模样。他验过酒票，收钱找钱，把铁皮漏斗插进酒瓶中，一手握着瓶颈，一手掀开酒坛口的布沙袋，三根手指捏住毛竹酒端的高柄，深深地压进酒液里去，利索地一提一倾，玻璃瓶里就有了半斤白酒。

我接过酒瓶，凑近瓶口闻了闻，一股辣劲直冲脑门。压紧瓶塞，小心翼翼地走下湿滑的石台坡，抬眼看路时，忽然发现对面菜场门前，围着五六个人。这个时候，街面上还能有什么热闹可看呢？好在是顺路，我走过时便从人缝中张望了一眼。

居然是青菜！

地上一并排放着三棵青菜，高梗白，七八寸长，都有小孩胳膊粗细，估算至少有一斤多重。雪白的肥厚的菜梗，碧绿的舒展的菜叶，都神采奕奕地挺拔着，显见得是刚离地的。

半个世纪后，在台北故宫博物院里看那棵翡翠白菜，心灵的震颤都没有如此激烈。

青菜旁边，是一双穿着泥鞋的脚，黑布大裆棉裤，黑棉袄，腰间束着根黄草绳，笼在袖筒里的双手紧抱在胸前，酱紫色的脸膛，说不清是饱经风霜还是冻着了。头上一顶破毡帽。

我的手心里还捏着一毛二分钱，忍不住问："多少钱？"

旁观的人代他答："不要钱，要半斤白酒！"

人们的视线转向我身上，立刻注意到我手中的酒瓶。"这娃儿正好有半斤白酒！"

"娃儿有，管嘛用，娃儿又当不了他老子的家！"

紫膛脸上混浊的眼，看着我手里的酒。

我看着地上的青菜。

真想拿白酒换了这青菜啊！

南京人对于青菜有特别的感情，俗话说："三天不吃青，两眼冒火星。"差不多有两年了，没见过如此鲜嫩的青菜！而且，就连张牙舞爪的"飞机苞菜"，也不是每天都能买到的。当时凭蔬菜票买菜，起初每天一张票，好歹能有些蔬菜进嘴。后来蔬菜票又细化为单日票和双日票，如果你家领到的是单日票，则双日便失去了买菜资格。即便是单日，如果你排队排得太后，菜卖完了，那也只能"有权不用，过期作废"。前文说过买豆腐要半夜排队，一个月不过两三回；这排队买菜，才真正是考验人的经常性任务。

往年入冬之际，便是腌菜时节，就在摆放这三棵青菜的街面上，青菜堆积如山。家家户户都会买上几百斤青菜，外加百十斤雪里蕻，卖菜的，买菜的，运菜的，洗菜的，晾菜的，腌菜的，街头巷尾，房前屋后，满眼一片青青白白，成为一道特殊的风景。

南京人腌菜不但历史悠久，而且技艺精湛。宋人陶穀《清异录·馔羞门》记载："金陵，士大夫渊薮，家家事鼎铛，有七妙：齑可照面，馄饨汤可注砚，饼可映字，饭可打擦擦台，湿面可穿结带，醋可作劝盏，寒具嚼者惊动十里人。"这第一妙"虀可照面"，说的就是腌菜平亮，可以照见人脸；依我想该是指白色的腌菜梗子，菜叶虽平亮也难照清眉目。此下历数馄饨汤清，可以用来磨墨写字；面饼之薄，能透过它看见下面的文字；面条之韧，穿带打结而不断；醋味之醇，堪当美酒；寒具即馓子，意为寒食节不用动火的食物，其香令人大嚼，其脆声动十里。"饭可打擦擦台"，近人已不知其意，揣想"打擦擦台"可能是一种类似弹棋的古代游戏，在特制棋台之上，以指弹己子击对方之子；饭粒可做棋子用，形容其干爽，颗粒分明，不粘桌面。因弹棋在明代已经失传，只能通过前人的记述描绘稍知其大略。明代顾起元《客座赘语》中引录此语后说："今犹有此数物。起面饼以城南高座诸寺僧所供为胜，馄饨汤与寒具市上鬻者颇多，寒具即馓子，醋绝有佳者，但作劝盏恐齿憏，不禁一引耳。"这种清汤小馄饨，皮薄馅嫩，水沸下锅，一转即熟，每当馄饨挑子的竹梆敲响，香气袭人，食客们总忍不住围上前去。记得二十世纪八九十年代还算南京名小吃，近年却不大听说了。

言归正传说腌菜。由此可见，南京的腌菜传统自宋至明到如今，绵延千年不衰。我小时候见到的腌菜，菜心里加入生姜末，入缸后多压以城砖或青石，出缸时菜梗平整清亮，真的可以做镜子用。腌菜的鲜、嫩、香、脆，更是让人百吃不厌；冬天吃不完的腌菜，开春在院子里拉上绳子晾干菜，孩子们总是趁大人不在意时，偷偷摘下菜心当零食吃。腌菜的人手也有讲究，民间传说有"好手"和"坏手"，"好手"腌出的菜特别香。"好手"有男性也有女性，便成了家中的腌菜专家；没有"好手"的人家，若不想吃臭腌菜，届时只好请"好手"帮忙，而"好手"也绝不推托，无须报酬，因这正是平头百姓以一技之长传扬声名的机会。

做梦也想不到，南京居然会有看见青菜让人两眼放光的时候！

如果我把这三棵青菜换回去，肯定是今年春节最受欢迎的美食。母亲和弟弟妹妹，又该是何等的开心啊！然而，父亲呢？

父亲是家里的顶梁柱，年轻时一好烟、二好酒、三好茶。这两三年，他的烟瘾、酒瘾、茶瘾，都被熬到了极致。我曾经在放学的路上，悄悄地为父亲捡烟头，一个星期的所获，剥出一小火柴盒。父亲打开那个火柴盒时，脸上的表情，感动之外，更多的是羞愧，他肯定不希望自己的儿子去沿街捡垃圾。但只是一瞬间，他便裁出一角纸，卷成一支烟，点火猛吸，一口就抽掉了一半。后来连烟头都捡不到了，有人教父亲卷干荷叶、柳树叶抽，抽一口，咳呛几声，也算过了瘾。上半年家里的酒票，被父亲换了两包烟票。这半斤酒，该是父亲辛劳一年、仅有的一点享受了。我又怎么忍心剥夺呢？

我抱着白酒回到家中，母亲已经在担心，是不是冻得手抓不住摔了瓶子不敢回家。我说不是，是在看青菜，有人要用三棵青菜换半斤白酒。

父亲听到了，忙说，你怎么不换呢？我也想吃青菜呢！

我什么也没有说。

三十年后，读查慎行《人海记》，里面讲了一个故事，说明朝的太监，不惜重金为皇帝准备肴馔。除夕那天市上有人在卖两根王瓜，也就是黄瓜，要价一百两银子，太监还价五十两，卖主大笑，拿起一根，三口两口就吃掉了。太监赶紧拦阻他，乖乖地花五十两银子买了剩下的一根。于敏中《日下旧闻考》里也有类似记载，京师人家，春节"宴席间尚王瓜、豆荚。一瓜之值三金，豆一金"。因为这些蔬菜花果，都是温室里培育出来的。

那还是有没有钱的问题。我们所遭遇的，是有没有菜啊！

—— 茶之惑 ——

父亲的烟瘾、酒瘾、茶瘾，我只继承了一样，就是茶。

从我记事起，父亲的抽烟，就与咳嗽相伴。母亲总拿父亲做反面教材，告诫我们不要沾染烟瘾。所以我除了曾以收集空烟盒为乐，对香烟从无兴趣。喝酒则是在农村插队，"接受贫下中农再教育"的成果，山芋干酒能喝半斤，但从不馋酒。近年眼睛出毛病，医嘱禁酒，遂连红酒、黄酒、啤酒都一并戒除。

父亲的茶瘾也大。母亲清早捅开煤炉，顾不上做饭先要烧开水，准备为父亲泡茶。父亲起床第一件事，是把隔夜的茶叶倒在门前小花园里，洗净茶杯，放好茶叶，坐候水开，要等一杯酽茶下肚，才关心早饭。说是小花园未免夸张，其实就是门旁约两平方米的一块空地，被父亲捡些零碎砖石围了起来，因为茶叶积得太厚，除了一棵大蔷薇，什么花都长不好。

"三年自然灾害"期间，凡百物品无不紧缺，茶叶自然不能例外。先是成形的茶叶都看不见了，只有茶叶末卖。茶叶末是一种混合物，其中固然有不入流的茶叶成分，但也会有龙井、雨花、碧螺春的碎屑，泡来吃口味未见得不佳。但是买茶叶末有窍门，就是装袋时，要看着店员手中的茶铲，只能浮掠，不能抄底——底层多灰土，不好吃还打分量。所以买茶叶父亲可以差我去，买茶叶末一定是亲自出马。茶叶末冲泡时也有讲究，一定要用滚水，水面浮起的一层泡沫，属茶末中混入的杂质，须侧过杯口轻轻吹掉。端杯喝茶须轻而稳，否则荡起的茶叶末喝进嘴里，咽又咽不下，吐又吐不出；也有人不怕费事，用纱布做个小口袋包起茶叶末，便有点类似今天的袋泡茶了。再后来，是连茶叶末都买不到了，老茶客们各显神通寻找替代品，柳树叶、槐树叶都有人试过，据说最接近茶味的，是炒糊了的蚕豆壳。

然而，茶叶又确有其不同凡响之处。当时与民生日用相关的一切物事，大到床铺被褥、自行车、手表、缝纫机，小到一针一线一盒火柴，都须凭票证购买——即说食品，米面油盐酱醋糖，鸡鸭鱼肉果豆菜，所有能够入口进肚的东西中，唯独茶叶，没有过凭票证购买的记录。

这使我百思不得其解。古话说："天网恢恢，疏而不漏。"如一九六〇年颁发的"南京市粮食局流动购油凭证"，面额壹钱（即五克）；一九六三年颁发的"上海市华侨特种供应肉票"，面额叁钱（即十五克）；一九六五年颁发的"镇平县临时食用油票"，面额伍分伍厘（即二点七五克）……可见管控之精密。如按人定量的肉票，在汉族的猪肉票外，另有"回民专用肉票"以购牛羊肉，还有"产妇肉""老人肉""肝炎肉""劳保肉"等专供肉票，可见考虑之周到。

除了明确的专项票证之外，还有笼统的"购物券""购货券""购物证"，还有顺序编号票，以便发现某种物品须凭票购买时，随机灵活运用。许多票证上都印有毛主席语录"为人民服务"，正因为有关部门"为人民服务"颁发这些票证，才保证了人民有食品可买，为什么对于茶叶，就没人"为人民服务"，终于弄到货源断绝了呢？

二〇一四年，南京一批爱茶的朋友，依托夫子庙贵宾楼茶馆，组织了一个秦淮茶馆研究会。副会长葛长森先生不仅是资深茶客，而且曾在商业部门担任领导，早年做过茶叶购销工作，还撰著出版了《金陵茶文化》一书。我向他讨教茶票的问题，他想了想，疑惑地说，可能因为茶叶不是生活必需品吧。

这肯定不是理由，香烟也不是生活必需品，但烟票不但长期存在，还分为甲、乙、丙若干等级，以配发给不同级别的吸烟者。记得家父能领到的，多半是丙级票，偶尔领到乙级票，便喜出望外，要在家里宣传几天。

那几年市场上看不到茶叶的原因，葛先生倒清楚：被政府拿去换外汇，还苏修的外债了。"文化大革命"初中国以"既无内债，又无外债"为自豪，大张旗鼓地宣扬，其中也有茶叶的贡献——不对，该是茶客的贡献。

某日闲坐品茶，说到秦淮小吃的产生，是因为茶碱刺激会引起胃酸分泌，须吃一些点心中和，以免伤胃，所以最初称作茶点、茶食。我脑中忽然灵光一现：这该就是茶叶无须凭票供应的原因了！喝茶喝得胃口大开，粮食的缺口势必更大，在那个米珠薪桂的时代，岂非自找苦吃？所以，政府只要控制住了粮油的供给，就自然控制住了茶叶的需求。所以，当年凡爱喝茶的市民，除非浮肿，几乎都是相貌清癯，民间的说法，是一点油水，都被茶叶刷掉了。

当然，这个问题应不在"茶文化"的范畴之内，所以至今未见有专家关注。只有我这样的野狐禅，才会把念头转到那旁门左道上去。为了证明自己对"茶文化"确有研究，我也写了一篇三百字的《茶中有道》：

茶中有道，道不在茶。拘泥于茶之品第、水之优劣，斤斤于具之贵贱、境之雅俗，皆非正道。至于焚香参禅，拈花斗艺，都属茶外闲事。茶之趣味，全在饮者之趣味。清者饮之清，浊者饮之浊，是茶因人而变，茶岂有变人之力哉！

"从来佳茗似佳人"。古往今来，得茶之真趣味者，都是有真趣味之人。欲入茶之佳境，先修我之心境。一人独斟，不必定开卷；两人对饮，倾吐皆心声；即广庭闹市众声鼎沸，一杯在手，我自与茶做交流。细啜固佳，牛饮亦无不可；神游天外固佳，蹇居陋室亦可。随心自在，即是真谛。

寻一方清爽之地，聚二三有趣之人，无论绿、红、白、黑，不拘江、湖、雨、井、泉，水沸壶底，茶舞杯中，各取所需，言不及茶，六神安好，道已在矣。

"茶票"云云，由它去吧！

夜袭二九

一直到上高中，我的一天三顿饭，都是父母安排好的。那年月国家实行计划经济，对人民生活的关怀自是体贴入微、明察秋毫；家庭如不按照国家的大计划安排好自家的小计划，便难免捉襟见肘，青黄不接。家父是资深会计，家母是汇文中学的高才生，恁是如此精于算计，每逢有三十一天的月份，最后一天总难免唱空城计，不得不向公家或私人挪借。借了就得还，这就又打乱了下个月的计划。就像老话说的："下雨天背稻草——越背越重。"

所以，偶尔领了零钱去买早点，也只能买母亲所指定的，因为各种早点所需的钱数和粮票数不同，无从变通。至于省下早点钱挪作他用，比如老师们传扬多年的不吃早点去买参考书云云，在我是不曾有过。俗话说，"一顿不饱百顿饥。""三年困难时期"饿狠了，此后几年，吃什么都好像没吃饱，哪里还敢有一顿不吃。

一九六六年夏天，"文化大革命"爆发，同学们都奉旨成为"革命小将"，我自不能例外。且因为家庭出身不够十分纯洁，戴不上红卫兵袖章，只配充当"红外围"，更要"重在表现"，抄写大字报，刻印传单，围观大辩论，参加批斗会，常常不能按时回家吃饭。特别是接到通知，某夜将有"最新最高指示"颁发，"宣传最高指示不过夜"，须彻夜游行欢呼，凌晨结束，往往就在教室里的课桌椅上迷糊一会儿。至于"最新最高指示"为什么总是在深夜颁发，当年有首红歌叫《八角楼的灯光》做了回答，是因为毛主席他老人家为了指引世界革命的航向，日以继夜，夜不能寐，浮想联翩。闲话带过。且说小将们为革命废寝忘食，但毕竟不能像鲁迅先生所批判的阿Q，革命了，造反了，"我要什么就是什么"。母亲担心我饿着，便会给几毛钱几两粮票，嘱我买点消夜吃。我生平第一次有了可以自己支配的零用钱。

消夜在哪儿吃、吃什么，是一桩值得研究的事情。吃消夜若图方便，路边的烧饼油条摊，走街串巷的元宵担子、馄饨挑子，伸手可取。不过同学们宁愿多跑几步，也要找一家小吃店，坐下来，等着下元宵、煮面条。从小到大，都是在路边摊上买点心，抓在手里边走边啃；就是跟着大人进饭店，记忆中也挖不出几回。坐在店堂里，慢慢享用自己挑选的点心，一种长大成人的自豪感油然而生。那年头还不兴什么"成人仪式"，我们的成人礼，就是在小吃店里完成的。

当时的小吃行业，刚刚从"三年自然灾害"的严重物质匮乏中挣扎出来，那期间发明的食物品种，多半已经变化。曾经的"高级点心高级糖",恢复本来面目,就是平常的饼干糖果,昔年"物以稀为贵",高上云端的其实仅仅是价格;而供平民百姓享用的新品,如黑面馒头、豆腐渣包子、山芋干面烤饼等,没人再做。幸存的似乎只有油球,售价仍是一两粮票四分钱,其实就是发面团包点豆沙,在油锅里走一下,看上去金光灿烂,分量倒够实在。比较受欢迎的消夜,还是回归的传统小吃品种,赤豆元宵,酒酿元宵,菜肉水饺,鲜肉小馄饨,阳春面,鸭血肠汤,豆腐涝……只不过又遭遇了"破四旧,立四新"的精神冲击,比如说服务形式,过去是服务员端送食品到桌,现改为顾客自行排队领取;比如小笼包子酥油烧饼,被质问"劳动人民要吃多少个才能吃饱"。定性是"为资产阶级太太小姐服务",遂一律改取粗放形式,包子要大,烧饼要硬,面条要宽。但毕竟因为这与革命群众的日常生活需求密切相关,所以被"革命"的仅限于形式,供人饱腹的功能未变。对于我们这种穷学生,这些自然都不是问题。

金陵中学对面,原汇文中学北侧的汇文里,就开着几家小吃店,花色品种齐备,任由选择。我从小喜欢甜食,所以酒酿元宵、赤豆元宵换着吃,二两粮票九分钱一碗。记得水饺和小馄饨也是这价钱,阳春面是二两粮票七分钱;鸭血肠汤和豆腐涝不收粮票,五分钱一碗,就是不挡饥。因为吃甜吃咸,多数品种都是二两粮票九分钱,所以大家就有了一个简单的统称:"二九";需要增添些革命的色彩时,便说成"夜袭二九"。

　　常常是过了午夜，挑灯夜战的小将们对望一眼，说：二九？于是成群结伙，勾肩搭背而去，各人付账买筹，端碗聚坐。那时并不知道西方还有个"ＡＡ制"，只是大家经济情况相当，都没有请客的能力，也不愿受惠于人。

　　有时候，在店里碰上了对立派组织的同学，也都相安无事。汇文中学原是女子中学，一九四九年后改名四女中，都是女生，自不足为惧。金陵中学的同学也比较文气，虽然各立山头，各打旗号，但派性不是那么强。不少同学是街坊邻居，出了校门便不再计较对方是哪个组织的，甚至邀约着一同来去。这倒颇有西方政治家的风度，议会上争得不可开交，私下里却可以是朋友。

　　有时候，学校的大门给锁起来了，大家的解决办法也不是去造门卫的反，而是从大门上爬过去。有些青年教师也照爬不误。某夜我们回校时，看到对立派的一位教师刚爬出门，料想他还会爬进来，于是恶作剧，在门板顶端刷上了一层墨汁。第二天悄悄到他的宿舍门前张望，果然晾出一件墨痕朦胧的白衬衫，窃笑之余，想到置办一件新衬衫的艰难，不禁又有些隐隐的懊悔。

吃飯是頭一件大事

甲午歲末 孔祥東製衣

醒园录

———————— "第一件大事" ————————

"吃饭是第一件大事。"这是我们在苏北农村插队时，从大队到生产队，干部引用最多的一句毛主席语录。无论开会、说话，几乎张口就来，以此证明农业生产、农村工作的重要性，也就证明了他的发言的重要性。

最初听到这个说法，令刚由红卫兵转变为插队知识青年的我们大为惊讶。我们本能地认定，革命才是第一件大事。吃饭是为了革命，革命不能是为了吃饭。这是原则问题，绝不可本末倒置。

生产队长对我们的质疑嗤之以鼻，说饱汉子不知饿汉子饥，你们没挨过饿，才会说这些空头理论。没饭吃，命都活不成，还怎么革命？

这话让我们没法与他争辩。虽说"三年困难时期"我们也饿得够呛，但那是因为天公不作美，苏修又逼债，造成"新中国"的暂时困难，不能以此就给社会主义抹黑。于是我以退为进，请生产队长提供这条语录的出处。

当时我们把《毛主席语录》背得滚瓜烂熟，只须提一下

第几页第几条，便知道是什么内容；其中论述革命与吃饭关系的一条是："革命不是请客吃饭。""雄文四卷"《毛泽东选集》我通读过，"最新最高指示"我刻印过，同样没见过这一条。

队长也不含糊，回家翻出来一本小册子，是县革命委员会编印的"抓革命，促生产"宣传资料，黑体字排印的语录中，果然有这样一条：

"节约粮食问题。要十分抓紧，按人定量，忙时多吃，闲时少吃，忙时吃干，闲时半干半稀，杂以番薯、青菜、萝卜、瓜豆、芋头之类。此事一定要十分抓紧。每年一定要把收割、保管、吃用三件事（收、管、吃）抓得很紧很紧。而且要抓得及时。机不可失，时不再来。一定要有储备粮，年年储一点，逐年增多。经过十年八年奋斗，粮食问题可能解决。在十年内，一切大话、高调，切不可讲，讲就是十分危险的。须知我国是一个有六亿五千万人口的大国，吃饭是第一件大事。"

这明显是针对农业问题的指示，城市里没传达，也不奇怪——料想县革委会也不敢编造。而且这段话说得如此具体而透彻，确实像"洞察一切"的伟大领袖口吻。"忙时多吃，闲时少吃，忙时吃干，闲时半干半稀"，不但科学合理，而且熟谙民情。"杂以番薯、青菜、萝卜、瓜豆、芋头之类"，考虑得多么周到啊！

遗憾的是，"智者千虑，必有一失"。一九六八年的苏北农村，连"忙时吃干，闲时半干半稀"都不能保证。那一年冬天，我们在农村亲眼看到的情况是，村里的贫下中农一部分尚能每日两餐，一部分只能每日一餐。我因为震惊，仔细观察过一餐家庭的生活。他们上午十点多起床，男人们笼着手坐在南墙根晒太阳。我们在学校课堂上，只学过植物的光合作用，在农村这个广阔天地里，才懂得了阳光也能直接为动物增加热量。这时，女人们打发大孩子去抬水、抱草，摸摸索索动手做饭，熬一把豇豆或小豆打底，豆子开花了加一把山芋干，山芋干软乎了再搅上玉米面，煨成稠糊糊。午后一两点钟，全家人抱着大碗喝糊糊，把肚皮撑圆了，再蹲到墙根抽一袋旱烟，唠几句嗑，太阳一落山，便赶紧上炕。不用点灯熬油——不少人家根本就没有煤油灯。

上炕躺着就不饿吗？我不相信，我就有过饿得睡不着的亲身体验，尤其是冬天，越饿越冷，越冷越饿。

"人是一盘磨，睡倒就不饿。"他们说。

开春农忙，多数贫下中农才能保证日吃两餐。清晨起来喝瓢凉水上工，做到七八点钟回家，这一顿通常是玉米糊就锅围饼。饭后上工，要做到午后两点左右，是全天最出活的时段。午饭也是全天的正餐，会炖一锅瓜菜，家境好的偶尔添一碗豆腐，饼子、馒头或面条管饱。歇过晌再下田，两三个小时，天擦黑收工，回家就睡觉。除了队长、会计、指导员等大小干部，只有少数人家，军属、木匠、铁匠等手艺人，有亲属在城里工作的，才有晚饭可吃。待到抢收抢种的大忙时，须得挑灯夜战，不吃晚饭可就挺不下来了。革命样板戏《沙家浜》里唱的"一日三餐有鱼虾"，当地农民理解为军队待遇，所以每年招兵，贫下中农子弟都积极应征。一旦征上了，不仅自己有几年饱饭吃，而且多少可以贴补家里一点。倘若有机会提了干，穿上"四个口袋"的军服，那简直就是开了间银行啊。

三十年后，我在《建国以来毛泽东文稿》的第八册中，看到了"吃饭是第一件大事"这条最高指示的出处，是一九五九年四月二十九日，毛泽东致六级干部的公开信，信中说了六个问题，节约粮食是第三个问题。

这一封公开信，其实是在推行大跃进、人民公社化、"一平二调三收款"，导致全国农村正常秩序被打乱，人们吃不上饭已现端倪之际的补救措施之一。而农民们睿智地从中抓住了自己的命根子："吃饭是第一件大事。"

醒
园
录

———— 芫 荽 ————

　　说起插队时在农村吃忆苦饭，我们还闹过一个笑话。

　　那是刚到生产队的第一顿饭。当时苏北交通很不方便，第一天清晨从南京乘车北行，中午在淮阴专区打尖，傍晚车到泗洪县城，集中住在县委党校里，一个个兴奋得都睡不着。次日清晨仍乘汽车南行到管镇人民公社，几乎绕着洪泽湖兜了一圈。

　　吃中饭前宣布了各知青户所去的大队和生产队，大家完全没有概念；饭后各队派人来接人接行李，就看出差别来了，有手扶拖拉机，有牛车、毛驴车，有人拉小板车。我们的生产队来了两辆小板车，七八个精壮汉子，还牵了两匹马。后来我们才知道，马在生产队里属贵重资产；方圆十里内社员结婚，能借到我们队里的马带新娘子，比手扶拖拉机还风光。可那时我们都不敢骑马，又不好意思坐上小板车让人拉，十来里坷垃土路，走得疲惫不堪。到生产队安顿下来，新奇渐尽，失落滋生，就想倒头睡觉。

　　可是队长来招呼吃晚饭。时隔四十几年，我不敢说还能完整地记得当时的经过，但有几个细节再也不会淡忘。一是远远地就闻到浓郁的药香，本能地想回避，不料这香味正来自米饭里掺的蔬菜。菜饭于我并不陌生，可这饭里的菜完全没有印象。队里的几个干部站在旁边，笑眯眯地看我们如何对付这堆尖的一大碗干饭，邀他们同吃，都推说已经吃过。那阵势，分明就是对我们的考验。无奈之下，只好屏住气息大口吞咽，好在米是先炒过的，煮出的饭特别香，而且确实也饿了，居然就把那一大碗菜饭都吃完了。问清我们不要再添饭，顿时又有一大碗凉水递到面前。初冬时节，尽管干饭噎得确实是口干舌燥，可凉水还是不受用，但也不容犹豫，几大口就灌进了肚里。

第二天，我悄悄问房东的孩子，那饭里掺的是什么菜，才知道是一种叫芫荽的香菜。我又问那算不算忆苦饭，他便笑得前仰后合。好一会儿，才告诉我，炒米加香菜，是这里待贵客的饭食！又附耳叮嘱，那碗凉水是饭后漱口用的，以后千万不要再喝。

然而这事从此成了笑柄。城里来的"大学生"拿香菜米饭当忆苦饭，还把漱口水都喝掉了，可见确乎"四体不勤，五谷不分"。每当有人说起，我都因无从辩解而感到深深的羞辱。

二十年后，有缘结识原中央警官学校少将教官翁惠成先生，听他说起在抚顺战犯管理所的第一顿饭。老远看到解放军搭来的大饭盆里金光闪闪，他不禁笑语："伙食不错嘛，有蛋炒饭！"及至盛到碗里才知道是小米饭。这话后来被其他战犯揭发，成为他的新罪状：进了战犯管理所还想着吃蛋炒饭，可见养尊处优的资产阶级思想根深蒂固。

又数年后，读宋人陶穀《清异录》，言唐末天灾人祸，粮食价逾金璧，湖南汝城饭铺门口招贴，竟称去壳粮食为"剥皮丹"，平民百姓哪能享用得起。陶先生感慨道："彼时之民，与犬豕奚以异！"

相比之下，我在农村的遭遇，实在还要算幸运。

那一年，我们都留在农村过"革命化的春节"。队长是个厚道人，预先告诉我，你不是惦记着忆苦饭吗，公社通知了，过年要组织知识青年吃忆苦饭，听贫下中农忆苦思甜。果然，大年初一上午，全大队二十多个知青和一批贫下中农代表在大队部集中。我悄悄溜到厨房门边张望了一眼，熬着一大锅绿莹莹的汤，不知放了些什么菜，倒也没有什么怪味。

大队书记宣布忆苦思甜大会开始，第一项便是吃忆苦饭。队长捧碗在手，也不用筷子，就顺着碗边，边吹边喝。我也学着样，喝到嘴里，觉得与农家平常吃的玉米糊没有什么差别，就是菜多些面少些汤稀些。贫下中农代表的积极性都很高，喝了一碗又一碗。对许多人来说，这可是白赚的一顿饭，而且不是每个人都有份儿的。

八年后，我从农村回到城里，意外地发现，母亲偶也用那种芫荽作佐料，但仅限于秋冬时节的一种凉菜，就是切成碎末，拌秋油干丁和花生米屑。而且，芫荽就跟白兰花一样，量大时与量少时的味儿，可是大相径庭的。

公家饭

农民们所说的公家饭，大致有两个概念。一是拿国家工资、吃商品粮的人，被称为"吃公家饭的"或"公家人"；二是少数人以公务名义，公费开支的吃喝。

公家人在人民公社社员眼中，是一个遥远的不乏神圣感的偶像。与他们距离最近的公家人，是万人大会主席台上的公社领导。而贫下中农能成为公家人的唯一途径，是参军入伍并争取提干。所以他们说起公家人时，流露出的往往是一种朦胧的仰慕。

公费吃喝，消耗的是生产队集体财产，也就直接侵害到了每个社员的经济利益，最为社员所痛恨。所以提起公家饭，社员无不咬牙切齿。然而队里每次办公家饭，又都有充足理由，最常见的是大队干部下队检查工作。公社领导也会下队检查，但通常安排在大队吃饭，甚至上附近的小饭店。社员们乐得眼不见为净。大队检查，那就肯定是要生产队管饭了。

大队相当于今天的行政村，有党支部书记，有革委会主任，还有副主任、会计、贫协主任、民兵连长、妇女主任等，花色齐全。但人民公社所有制当时已经形成规范，是"三级所有，队为基础"，人、财、物权都在生产队，大队每年虽有些合法的提留，有些非法的截留，仍只能算个上传下达的空架子。大队的权威体现在对生产队干部的任免和对生产队工作的指导上。每当书记或主任感到肚里油水不足了，便可以找个由头下队检查。全大队十一个生产队，除了太穷的几个队无法安排，其他各队轮流招待，一年也摊不到几回。但这几回总是被社员牢牢地记在心里，掰掰手指头，能准确地说出几月初几，大队哪几个干部来吃，生产队哪几个作陪，吃的什么菜，打的什么酒，统共花费多少粮食都一清二楚。当时生产队几乎没有现金留存，要用钱就得称出粮食去换，而仓库保管员又没资格参与吃喝，肚子里装的就全是账了。

大队检查吃饭，作陪的是生产队长。会计把酒菜安排妥当，照例找个借口回避。这是担心几杯酒下肚，大队干部万一提出什么过分要求，队长可以有个推托的余地。俗话说："队长用钱手一伸，会计用钱不作声。"会计不在，队长的手就没处伸。除非生产队有求于大队时，队长、会计才会一齐上席。

这安排虽妙，但会计作为生产队主要领导之一，总是吃不上公家饭，不免有些亏。但是也有变通的法子，或者把这顿饭安排在会计家里做，或者请会计夫人主厨，负责采买，就尽在不言中了。其实那一顿饭，绝不会有山珍海味，就是几样家常菜，有民谣为证："公鸡叫，小鱼跳，鸡蛋壳子往外撂。"酒也不过是大队供销社卖的山芋干酒。虽说当地离双沟酒厂不远，但除了毛脚女婿上门、带新娘子成亲，很少有人买贴标双沟酒。然而在贫下中农连瓜带菜还填不饱肚皮之际，这也无异于王母娘娘的蟠桃宴了。

队长吃了个油嘴，在队委会中都显得孤立，也要设法安抚。办法之一是开会研究工作。每年春种秋收前夕，几位队委照例要开个长会，开到夜深人静之际，就好吃消夜了。其实各位队委心照不宣，鸡、鱼、豆腐、蔬菜，早有准备，届时凑起来正好可以下酒，而从仓库里称粮食算还各家。这一顿饭不能在村上做，半夜里起伙，惊动了社员就麻烦了，所以多放在村头仓库旁的牛棚里，就由保管员和饲养员充任大厨，用的就是煮饲料的大锅。所以这一顿饭的账，少有人知，就是知道点风声，也算不清那个账。我是因为后来当过两年生产队会计，才晓得这奥秘。

每年冬闲时节，队领导班子改选，都会争得硝烟滚滚，不亚于一场袖珍战事。一年的积怨集中爆发，或在民间控诉，或向上级告状，或当场挥老拳，或背后行贿赂。大队干部也各有倾向，私下明帮暗扶，使矛盾更趋激烈。"文化大革命"初期的"派性"，其实质就是这种斗争的继续；而"文化大革命"后期的反"派性"，也是企图消弭这一争斗。往往一个冬闲还较量不出胜负，眼看春耕在即，生产队不能群龙无首，大队的权威就显示出来了，公开出面调理平衡，"一碗水端平"，不是拼凑个"三国四方"的维持会，就是排出个轮流坐庄的新局面。新班子上任的当晚，一定会白酒肥肉尽欢一醉，作为"团结在一起，战斗在一起，胜利在一起"的象征。

当时的流行说法，称生产队"麻雀虽小，五脏俱全"。实则这只是一个理论概念，队干部的实际权力相当有限。比如生产指挥权，每年的生产指标，都是从专区到县到公社到大队层层分解压下来的，种多少亩水稻、多少亩小麦，亩产多少、总产多少，都有明确规定，甚至连何时育种、何时施肥、何时杀虫、何时抗旱、何时排涝，都得听有线广播指挥，队长最多就是在轻活重活的安排上做点小动作罢了。比如说年终分配权，分配计划都是上级定好的，交多少、留多少、分多少，方案要上墙，社员都晓得，会计最多就是称粮时在秤高秤低上做点小手脚罢了。所以争来争去，也就是争了个多吃几顿公家饭的特权。

一年到头吃饺子

"一年到头吃饺子",是二十世纪中叶,在中国广泛流传的一句双关语,乍看似乎是常年有饺子吃,正解则是一年到了头,三十晚上才能吃上一顿饺子。有人将其流传时期界定在一九四九年前,然而六七十年代,我在农村插队时,还常常听到农民以此自嘲。

当其时,能够在一年熬到头的除夕,吃上一顿白面饺子,还未必是肉馅的,对于农民,已是一种美好的愿望,或者叫精神寄托。至于常年吃饺子,那是白日黑夜,做梦都梦不到的。贫下中农描绘他们心目中领袖的生活:"那还不是白面饼子尽kái!"当地方言中,用这个写不出的字表示可以畅饮饱食,读音如"揩"的上声,短促有力。请客上桌,主人举筷相让,便说:"kái!尽kái!"也就是请放开肚皮吃的意思。家常便饭,则不用这个字。

白面饼子,农民一年还是可以吃上几回的,特别是在新麦收下之际,再艰难的农家,也会磨点白面,为孩子做几块面饼、擀两顿面条。但是吃细粮对于他们显然是一种奢侈,他们总是把小麦和稻谷卖掉，买进较便宜的玉米、小米、大麦、山芋等粗粮，以增加粮食的数量。这一举措肯定会得到今天养生学家的赞扬；然而农民们当时所想到的，绝不是提高生活质量，而是增加生存机会。

我对此有切身体会。因为插队的第二年，国家不再补贴生活费，我们便立时沦入最艰难的饥民行列。尽管我要算队里的强劳动力，拿最高的工分，有最高的出勤率，但仍然无法获得足够的口粮养活自己。这里须简要说明人民公社的口粮分配办法，社员的口粮分为基本粮和工分粮两部分，基本粮按人口分配，即每人有一份，工分粮则按工分计算，多劳多得。当其时，基本粮通常占到口粮总量的三分之二，比如年成好时，基本粮标准定为二百六十斤，强劳动力的工分粮约能达到一百三四十斤。这里说的都是原粮，即小麦和稻谷，小麦的出粉率在八成五左右，稻谷的出米率只有七成多。队里怕社员不会安排生活，通常十天支一次口粮，可怎么盘算，一天都摊不上一斤粮食。

农民的应对办法是多生孩子。多一个孩子就多一份基本粮，而孩子小时吃得少，五六岁便可以放牛挣工分；况且多一口人就多得二分自留地，一年两季，怎么也能收到一二百斤粮食。所以一家有五六个孩子是常事，多到八个、十个的也不稀奇，与生男生女基本无关。若以平均两年生一个计算，十个孩子生下来，老大已能结婚生孩子了。春节晚会上演小品讽刺

小兔子乖乖尾巴藏起来

邰科写

"超生游击队"，城里人看着边笑边奇怪，农村人为什么要生那么多孩子呢？其实真正该令人感到奇怪的是中国政府，一边把计划生育作为"基本国策"，一边又实施着"激励生育"的农村经济政策。

农民家老人妇女可以帮着照料自留地，知青顾得上挣工分，便顾不上自留地，最多种点望天收的蔬菜。那时节，在野地里看到一朵花，第一反应绝不是美丽，而是结出的果实能不能吃。有一回，队里刚出生的小牛死掉了，按当地风俗埋在野地里，半夜被几个知青偷偷挖出来，煮得满村肉香弥漫，结果这几个人好长时间都被农民视为异类。

当然，知青们应该还有"外援"，可以厚着脸皮向父母伸手。但是我家姊妹五个，有三个插队，父母扎住喉咙省下点粮食，又够补贴谁呢。记得上高中时，母亲吩咐我去买米，不料在粮站门口排队时，竟弄丢了十斤粮票。母亲大惊失色，当即发动全家去找，居然被未满十岁的小妹妹，在运粮的空板车下找了出来，一家人悬着的心，才落回到肚子里。家境好的知青，冬寒夏热，都可以回城住几个月。我有几年是连过春节都没有回南京的。

那几年在农村，口粮接不上，饿上一天是常事，喝凉水撑着，还能跟着去混工分。当然重活是干不得的，可锄地、薅草、施化肥之类的活儿，在田野里走动着，似乎也能把饥饿甩在身后。有一次连饿了两天，第三天出不了门，老书记发现了，忙让妻子把吃剩的玉米糊端来，让我喝了半碗，过半天才给吃半块面饼；又要队里提前把下一期的口粮支给我，叮嘱以后有难处就向队里说，一定不能硬撑。插队时期的挨饿生涯，让我养成了一个习惯，绝不浪费一粒粮食，凡是盛进我碗里的饭菜一定吃完；就是按人计费的自助餐，也从不在餐盘里剩下食物。

孔老夫子有一句名言："士志于道而耻恶衣恶食者，未足与议也。"（《论语·里仁》）"恶衣恶食"，翻译成现代用语，大略相当于艰苦朴素吧；这句话与"为革命艰苦朴素一辈子"实可互为表里。在那个相当长的历史阶段，安于恶衣恶食，理应成为全社会的一种美德。然而，饥馑中的贫下中农，却总是在为自己争取"尽kǎi"的机会。

群众的智慧是无穷的。比如秋粮大熟，新稻登场，队里会以连夜抢场的名义，煮上一大锅新米饭，让全村老少尝新。比如队里宰年猪，肉是按人头均分的，猪头和心、肝、肚、肺、肠、胰等内脏就不分了，杂烩一锅，每家一大碗。最理直气壮的"尽kǎi"，是出公差，兴修水利，围湖造田，参加公社以至县里组织的"万人大会战"，概由生产队供饭。当然这无一例外都是重体力活，身子稍弱点都顶不下来。菜是几乎没有的，顶多就是一瓦盆少盐无油的青菜汤。干饭也就是一大锅，并不能真的"尽kǎi"，这时盛饭就有技巧了。新手上阵，上去就盛一满碗，待他吃完，连锅巴都被人铲得净光；有经验的人只盛大半碗，抢先吃完去添，第二碗才弄个堆尖一大碗。遗憾的是这技巧不可能成为独门秘技，没几天大家都学会了，结果盛饭抢饭一团混乱，甚至闹到大打出手。队长只得下令由伙夫统一分饭，于是伙夫又成了众矢之的。所以现在专家一强调中国人素质差，不能让他们行使民主权利，我就会想到当年的抢饭场面。

最奢华的"尽kǎi"要数交公粮。因为公粮须交到十里路外的公社粮管所，队里不能背了锅灶去，所以那一顿午饭是在镇上的饭店吃。这可是社员们一年到头上饭店的唯一机会，所以人人都想去。队里的要求，是每人挑一百二十斤小麦，按时到达。远路无轻担，这就让所有的妇女和一半男劳力知难而退。我是插队第三年才敢参加。只有会计的担子轻，三五十斤吧，因为到粮管所后，他还得为交粮事务奔走。但是他这一担非常重要。一则，尽管准备好的公粮早已晒干扬净，但队里是人工扬，粮管所是电机扬，难免有不够饱满的麦子被淘汰，须有补充；二则，被汰下的麦子，便可以上饭店去换社员们的午饭——其实这是个幌子，汰多汰少，会计担上的麦子也不会再挑回去。

盛夏时节，择个晴日，一队人马赶早吃了饭，在别的社员羡慕的眼光中出发，重担在肩，鱼贯而行，中途只歇一次，在路边池塘里喝水。挑着担子好像反而走得快，九点来钟到粮管所，交公粮的人已排成长队；于是留人看守粮食，会计去办手续，其余的人逛街。那可是名副其实的逛街，因为谁兜里都没一分钱。唯一见实效的成果，便是打探出哪家饭店的饭食更实惠。

其实管镇街上就那几家饭店，前街三家，后街一家，几十年没变过。都是临街敞门，几张满面沧桑的白木桌子，围在桌边的是怎么也放不稳的长凳。平心而论，它太像南京的老茶馆，而不大像一家饭店，因为店里到处是水的痕迹，而少有油迹。

至于饭食，也没有什么好特别考察的，无非炕饼、烧饼或面条，诸如此类。没有人会注意菜，肉菜队里供不起，蔬菜肯定没自家地里的新鲜，犯不着花那冤枉钱。唯一能兼做菜的是油条，因为难得卖出，反复炸成了老油条，遍身乌焦，但毕竟是油锅里出来的，惯例每人两根，会计手松时能加一根油条，或者一把馓子，那就是意外之喜。馓子尤其属于高端食品，女人生儿育女，娘家人来探望，挎篮里装的就是几把馓子。男人不做月子，按理是没有馓子可吃的。

有一回，饭店里居然有饺子，青菜豆腐馅，虽然没有肉，但至少也是放了猪油，反正是沾了荤腥。一年没到头，就吃上了饺子，每个人都兴奋不已，回队后传播得纷纷扬扬，饺子的馅菜和滋味，越说越玄乎，每一个细节上都会发生争执，甚至连谁参加谁没参加都出现了疑问。直到半年后，过年的饺子上桌，人们才发现，饭店里的饺子，并不比家里的饺子更鲜美。

──────── 大肚能容 ────────

如果说，出公差还须以强体力劳动为代价，那么还有一种近乎"不劳而获"的"尽kái"机会，便是赌吃。

初到农村，曾经对农民中赌吃的热情迷惑不解。有些赌法纯粹是浪费，比如挑了队里的油菜籽去换油，忽有人提议，谁能喝掉两斤菜油，就算他白喝。众人响应，队长默许，居然就有人奋勇上阵，一口气喝下了两斤菜油。结果出了油坊门，就开始腹泻，几乎挨不回家。

有些技术含量的，是赌吃糊米茶。一九六九年在农村过"革命化春节"，就见识了几场。糊米茶也是当地一种待客美食，先将大米炒到微糊，再煮成米饭，其间加入适量猪油、菜油和糖，饭粒晶亮，香味浓郁，甜糯爽滑，令人胃口大开。赌吃的标准是二斤米做出的糊米茶，一方煮，一方吃，吃完了算白吃，吃不完须赔四斤米，而且旁观者也可以押注。若单说二斤米饭，几乎没有谁吃不掉，煮饭一方要想取胜，就得以甜腻击败吃客；然而油和糖若耗费过多，赢了也收不回成本，所以这油、糖上的算计就显出水平来了。我们的队长是一把好手，每赌必赢，人都怀疑他另放了什么东西在饭里，可是他当着众人面炒米煮饭、添油加糖，确实没有做手脚。

待到挨过几回饿，看到别人赌吃，便也免不了蠢蠢欲动。只是心理上有障碍，自幼父母就教导我们不可赌博。小时候和同学拿香烟盒子叠四角赌赛，被发现了都受责罚。有一回，是赌吃二斤面粉擀出的面条，接连两个人都没吃完。我忍不住插嘴，说吃完并不难，但面条要自己擀。结果被众人逼着，终于也下了场。

其实我是想到，面粉里加水越少，擀出的面条量就越少，所以和面时尽可能少加水；而面条切细，大火快煮，吸入的水分也会少些。所以二斤面粉擀的面条，挑出锅就是堆尖一大碗，尽管嚼起来有些吃力，但很顺当地吃完了。我没料到的是，面粉总得有足够的水分才能消化，丢下面碗就想喝水。这时候害怕了，唯恐面条胀开，把胃都撑破。然而吃进去的面条掏都掏不出来，只能硬撑着，实在忍不住才喝一口水。熬到第二天，渐渐觉得胃里松动了，才放下心来，此后断不敢再逞能。

另一种与吃有关的赌法，比较文明，而且通常是和生产队对赌。比如秋天收山芋，因挑运费工，又不易保管，给社员做口粮的部分，都是直接在地头过秤分掉。待到暮色苍茫，队长、会计宣布开始"称一头"：一担山芋前后两筐原本都应过秤计量，现在只称前筐，后筐即照此计算。也就是说，后筐里超出前筐重量的山芋，等于白拿。但有一个条件，必须将这担山芋一肩挑回家，不得中途匀担。说穿了，这就是生产队给社员的一点福利，官方的说法叫"瞒产私分"。暮色朦胧，是防被外人看到；一肩到家，则是在万一泄露时，队干部可以有辩解的余地。

此时便轮到男子汉大显神威了。一头沉的担子很不好挑，但壮汉能让前后相差达百斤以上，右手用力压身前的扁担，左手尽量提后筐的系绳，以达成平衡，行走自如。力气不够就狼狈了，几乎是将后筐背在身后，双手压住前担，弓腰伸头，挣扎前行。妇女很少有尝试的，她们多是在一边，为丈夫或兄弟鼓劲；相互之间，也不免暗中比较。有这样的机会而落不下粮食，女人即不抱怨男人，也会自叹命塞了。

按当时的标准，五斤山芋折合一斤原粮，一百斤山芋，也就是二十斤原粮。但瞒产私分是个很严重的罪名，是对党对国家的不忠诚，被查实的，队干部轻则撤职，重则坐牢。

听老农说，这种"称一头"的办法，是大跃进时发明的。当年"放卫星"，亩产动辄万斤，打下的粮食要过秤，就"称一头"——当然是称重的一头。但这还是难以达标，不得不发明新办法。那时田地里常有高大的土坟包，便将粮食堆在坟包上，然后一本正经地拉绳子量体积，乘比重，估算出产量。还有一种包不露馅的办法，就是过秤地点选在一个前后门两头通的房里，二十来个社员，每人一担粮食，出后门进前门，循环往复，一直称到上级领导满意为止。我们队里的老书记，当年担任大队书记，就是因为不肯弄虚作假"放卫星"，被公社领导当场撤职。但他赢得了农民的尊重，下台十来年，大家还以老书记相称。

邻队有个社员，因为阳痿不能成家，社员们都叫他"软枣"，我至今不知道他的大名。年轻时他"一人吃饱全家不饿"，只要是队里管饭的，无论什么重活脏活，都一马当先。可是年过四旬，太重的活干不动了，难免断顿，遂成了赌吃专业户，凡有人提议赌吃，从不含糊。队里的人常拿他开心，说什么他都不恼。比如夏收打场，累得人困牛乏，队长就会说，软枣，你能学三声驴叫，学得像，就给你二斤麦。软枣应声开嗓，叫得抑扬顿挫；比如插秧时，一个个腰酸腿痛，会计说，软枣，学猪跑一圈，给你二斤麦。软枣应声而起，手脚并用，跑得泥水四溅。有一年夏天挑粪追肥，在打谷场上歇息时，队长居然说，软枣，你能顶着粪桶绕大场走一圈，给你二斤麦。这回软枣抗议了，说臭烘烘的粪桶，就二斤麦，不顶。但是队长不依不饶，从三斤到五斤，直加到十斤。软枣不再说话，顶起粪桶，默默地绕大场走了一圈。放下粪桶，他就近跳进我们队的水库，洗人洗衣服，结果成了余兴节目，连我们队的社员也都围过去看热闹。

有人取笑他："软枣，粪桶啥味道啊？"

软枣轻轻地回了一句："十斤麦呢。"

　　年轻的我，曾经觉得那队长太过混账，芝麻绿豆官，竟如此欺侮人！后来历经沧桑，才渐渐悟出，这是队长给软枣提供的一种生存机会：社员们开心一笑，软枣能得一饱。

　　在当时农村的极度贫困状况下，一个小小的生产队长，没有能力救助所有的困难户，只能以特殊的方式解决特殊的困难。而软枣心照不宣，就像一位蹩脚的喜剧演员，以自辱这种特殊方式，换取卑微的生机，给别人带来欢乐，留下痛苦私下咀嚼。

　　在生存与人格之间，中国农民选择生存，无可非议。

　　软枣已去世多年。如果他能有一座墓碑的话，我想可以为他刻这样两句话："大肚能容；笑口常开。"

黑吃"四寸膘"

不是黑道故事，是我在农村插队时吃肥肉的故事。

那年头中国的最大特色，就是折腾。农村自不能例外，每逢冬季农闲，从生产队往上，层层要兴修水利，农民叫扒河；而公社以至县里组织的大工程，叫扒大河。往往是前任书记开渠，后任书记便筑堤，所以年年不得消停。扒大河很苦，指标是硬的，通常每人每天两方土，不是从河底取土挑到河岸上，就是从平地取土挑到堤顶上，非强劳动力不能胜任。至于风雪交加、天寒地冻之类，都不在话下了。如我之辈无依无靠的知青，年年争着去扒大河当民工，并非因接受贫下中农的再教育，改造好了世界观，而是扒大河不用自带口粮，一天三顿全吃公家的，节省下一冬的吃食，可以留着开春后填肚子。物质决定意识，口粮短缺决定了我们的奋不顾身。

扒大河工地上，不但可以放开肚皮吃饭，而且工程胜利结束时，还有一顿大肉作为庆功宴，这就归到我们的正题上来了。总在头十天前，民工们就开始兴奋，收工后躺在窝棚里馋涎欲滴地讨论，今年的这顿肉，会是"四寸膘"还是"五寸膘"，也就是肥肉，农民叫白肉，厚度起码得在四寸以上。熬了一年的肚皮，早已没有半点油水，非此不能杀渴。然后便是催促伙头军，趁早到公社食品站去看好了猪，不要把肥膘肉让别人抢去了。其实伙夫同样心急，天天吃晚饭时都会向大家汇报，今天杀的猪毛重几何、膘厚几寸。

终于有一天，伙夫把肉背回来了，所有的人都围上去，看、摸、掂、嗅，又开手指量，四寸五还是四寸八地计较，性急的索性伸出舌头去舔一口，冰碴子把舌条划出血痕，还自以为捞到了油水。本队的看饱了，还要派代表溜到邻队的伙房里去，与人家的肉做比较。得胜的一方，在工地上可以自豪地取笑对方，从白肉的厚薄，攀扯到对方的工程进度、个人的气力大小，直至性能力的高低。失利的一方，不免要埋怨本队的伙夫艺不如人，明年怎么也不能再用他；赌咒发誓，明年的白肉，一定不能再输给别的队。总之肉还没吃到嘴，精神上的享受已经丰富而多彩。

吃肉的日子终于到了，那是比过年还要激动人心的时刻。须知过年是吃自己的，而现在是吃公家的，公私不能不分明。傍晚时分，整个工地上都弥漫着猪肉的浓香，人人都沉醉在即将到来的幸福之中。验工结束了，工具收拢了，行装打好了，天色黑尽了，只等吃完肉就可以上路回家了，吃肉的庆典也就开始了。全队十几个民工，人手一双长竹筷、一只大海碗，在桌边团团围定，伙夫连肉带汤，盛在一只大瓦盆里，端到桌子中间放好。闪烁的煤油灯下,切成巴掌大的白肉,油光闪亮,浮满在汤面上,微微旋动,虽是寒冬腊月,也不见热气腾起。

队长放开喉咙大声吼:"看好了?"

众人齐声应和:"看好了!"

重复到三遍,队长一声令下:"吹灯!"伙夫噗地吹熄了煤油灯。

灯熄就是无声的信号。十几双筷子一起插进了肉盆。只听得噼噼啪啪、叮叮当当、嘘嘘哗哗,也就三几分钟的时间,只剩下了筷子刮过瓦盆底的嘶啦声了。那是意犹未足、心有不甘的人在继续奋斗。待到一切都静了下来,队长才开声问:"都吃好了?"话音里带着心满意足的慵懒。

七零八落的声音回复:"好了。"

"上灯!"

煤油灯点亮,十几双眼睛齐刷刷落向盆里,都不相信黑地里能把肉块捞得那么干净。但事实胜过雄辩,盆里确实只剩下了清溜溜的油汤。

每个人都表示自己吃得十分痛快,至少大家的嘴唇上都有油光。这就是黑吃的妙处了。如果是在明处,你快了我慢了,你多了我少了,必然生出矛盾,埋下怨怼,公家花了钱还落不了好;就是让队长去分,也会有大小厚薄轻重的计较,免不了抱怨他偏心。当时中国,不患寡而患不均,而绝对平均是神仙也难办到的。这顿庆功宴要想吃得皆大欢喜,黑吃无疑是最好的办法。汤足饭饱之后，嘴闲下来了，民工们会忍不住夸口炫耀，说自己吃了几块又几块，谁也不会承认自己比别人吃得少。因为在完全相同的条件下，你吃少了，吃不到，只能说明你无能；而按他们报出的数量，肯定远远高于队里所买的那块肉。

当然，黑吃也是有技巧的，初次参加扒大河的人，一块肉都吃不到，也是常事。这技巧就是，下手的时候，筷子一定要平着伸进汤盆，因为肥肉都浮在汤面上，一挑就是几块；如果直着筷子插下去，就很难夹住油滑的肥肉。一经点破，相信大家都能明白。

我肯把这个技巧透露给大家，是相信那个时代决不会再回来，保藏着这屠龙之技，也无用武之地了。

———— "吃豆腐" ————

　　孔老夫子曾说过："饮食男女，人之大欲存焉。"孟老夫子引述告子的话，说得更为直接："食色，性也。"窃以为，将饮食与男女结合得最为微妙的俗语，非"吃豆腐"莫属。

　　"吃豆腐"一语的来历，人言言殊，今天恐已无从考实。较多得到认同的，是豆腐店借美人卖豆腐，而好吃豆腐者，实垂涎于美色也。鲁迅老夫子笔下绘声绘色的"豆腐西施"，分明就为"吃豆腐"做了生动诠释。记得小时候随母亲看锡剧，一出《庵堂认母》，台上台下都苦叽叽的，闷得我睡到终场；一出《双推磨》，就引得台下不断哄笑，使我大惑不解，那一男一女抱着个磨杠推来推去的，实在没什么好笑。现在想来，即使编剧们将女主人公设定为豆腐店小寡妇，是出于无心，观众们则肯定会受到"吃豆腐"这一隐喻的影响，无形中为剧情增添了喜剧色彩。

　　"吃豆腐"三个字，市井流播甚广，我在学生时代不可能没听说过，但"文化大革命"前高中生的性启蒙程度，恐怕还不及今天的小学生，所以懵懂不知所云。及至到农村插队，农民们说起男女，与说饮食一般，口没遮拦，民间小调如《十八摸》，男人公开唱，女人私下唱；而且已婚男女时常由理论而实践，公然摸捏扯抱，滚作一团，众人围观，开怀大笑。这固然与农村文化生活贫乏有关，更因为人类自身的生产是农村社会生产的重要基础，农民们虽没学过马克思主义经济学，但本能地懂得，多生一个娃，就能多分一份口粮、多得二分自留地。

在这样的氛围中，一句"想吃老娘的豆腐"，能令被斥者颜面尽失。堂堂男子汉，暗怀着吃女人豆腐的心思，已属猥琐；而女人连豆腐都不让他吃，可见其不屑一顾。"一顾倾人城，再顾倾人国"，那须是针对有城有国者而言的。

或许是被年轻人认为失于粗俗吧，"吃豆腐"一语现在不大听说了，取而代之的是舶来的"性骚扰"。然而中国有中国的特殊国情，"骚扰"而涉于"性"，未免给听众留下了太大的想象空间，足以让对性事过于敏感的国人，揣想那一对男女之间，不知发生了何等不堪的情状。"吃豆腐"就不同了，豆腐固属美食，但毕竟是平常之物，价值不高，即使被"吃"，被对方占了便宜去，但绝没有失大便宜，所以既能达到揭露色狼的目的，也保护了自己的尊严。分寸把握如此恰当，充分体现了中华民族的智慧。

"食"与"色"之间的联系，自然远不止"吃豆腐"这么单一，还可以有广泛得多的诠释方向，比如形容菜肴"色香味俱全"，比如某种食物有美容功效，比如某种食物能滋阴壮阳，这些都是可以坦言的。但也有些情况，却须用隐晦得多的方式来表达。比如当时的社员中，流传着这样一句俗谚："十年修个炊事员，百年修个粮管所。"

乍看上去，这话只与"食"有关，"近水楼台先得月"，直接使用与管理粮食的人，有机会饱食终日，不言而喻。在一个弥漫着饥馑恐惧的国度中，此类职业引人艳羡，也不足为奇。二十世纪七十年代，城市里女青年的择偶标准，还有这样的顺口溜："相貌如演员，身体像运动员，工作是营业员……"就是因为当年票证发放天网恢恢，国营商店营业员则有机会买到某些紧俏物品，以满足家庭基本生活需求。

"十年修个炊事员"与"色"的关系，则已渐被深埋于岁月之河的底层了。其源盖出于"三年自然灾害"时期，某些炊事员以食物谋取性特权。此类情况，城市里也有发生，我们是在"文化大革命"中，从大字报上看到的。一则大字报上写得含含糊糊，二则我们当时尚属"没开窍"，三则又属于林副主席所说的"小节问题"，所以并未太在意。到农村插队后就不同了，农民们公开议论，指名道姓，直至细节。如说"人民公社大食堂"后期，社员每天只能分到些绿豆汤，干部还有烙饼吃。炊事员某，就把有求于他的女人捺在案板上办事，完事后随手揪一团面就打发了女人；女人两手捧面回家，捺在锅里，烙饼养活娃儿。粮食越来越紧张，女人拿到的面团越来越小，终因不满而爆发，将炊事员揪出，男人们奋起将其痛揍一顿，给他戴上顶坏分子帽子。该坏分子依然健在，问及他往事，只是嘻嘻笑，不作声。男人们说到此事，最为愤恨的是，别人都饿成软枣了，只他白面饼子撑的，骚劲十足。

类似隐性的食色交易，即非娼妓的良家妇女，在迫不得已的情况下，以与人发生性行为交换食物。这种事情，如果只是个别发生，并不值得大做文章；然而，当其成为一种近于普遍的现象时，对它的关注，就不能视为窥探隐私了。

"粮管所"深墙大院，戒备森严，其间故事，农民们也难以知其详，只能仿骆宾王的老法子，一言以蔽之。我既无目睹亦无耳闻，自更不敢妄测，但其时粮食分配之权，几相当于生杀予夺之权，是确定无疑的。能够掌握一部分粮食分配之权的大队干部，以粮易性，则可说是公开的秘密。其实说"秘密"，只是在保护受害女性方面具有意义。

人民公社社员每年夏收、秋收两季，都有交公粮的义务、卖余粮的指标，然而当地实无余粮可卖，秋天卖了"余粮"，春天种子、口粮都会出现短缺。政府的办法，是拨发一部分返销粮，即再把粮食卖给农民，定价比征购余粮稍高。农民没钱买也不要紧，可以赊欠，待收获后再"卖余粮"还欠款。如此折腾，政府虽未见得能获什么实利，但秋收时有了一个"丰产丰收"的漂亮数字，春种时又有了一个"关心群众"的美好名声，所以年年乐此不疲。倘若再遇上天灾人祸，政府更不得不发放免费的救济粮。

按理返销粮和救济粮层层下拨，应由最基层的生产队实施分配，但大队作为一级管理机构，干部们遵照伟大领袖"手中有粮，心中不慌"的教导，总会从中截留一部分，自己掌握。分到生产队的救济粮、返销粮数字公开，众目睽睽，干部很难做手脚；且僧多粥少，干部往往只好以身作则，带头不领，以减少压力。实则他们可以暗中从大队掌握的部分得到补助，所以也支持大队的截留。但由于暗箱操作，大队截留了多少，各生产队干部拿到了多少，都是一笔糊涂账。如某大队革委会主任，每年春情萌动之际，便会暗示看中的大姑娘小媳妇去他那里拿指标。"吃人的嘴软，拿人的手短。"其家人未必不知道，但一定表现出不知情。

此人的一位"文化大革命"战友，常得其粮食资助，总以为是革命情谊。某日收工回家稍早，意外撞见自己女儿被主任压在床上，不由大怒，当即告到大队治安那里。治安员说，大队干部的事归公社管，可陪他上公社派出所；路上开导他，要把情况说严重些，听讲才抓到一次，连说不行，至少要十次八次。可怜做父亲的到了派出所，痛陈女儿被主任强奸十几次，接案者忍住笑，说，我们知道了，你回去吧！他追问怎么处理，人家告诉他，既有十几次，可以确定不是强奸。和奸的事，谁勾引谁，哪个能说得清楚？没法处理。

在食与色两方面都处于深重压抑下的知青，对这样的话题自然格外敏感。而且类似的情况，后来也发展到知青中间。某公社书记，每次有推荐工农兵学员或招工返城的名额，所荐必是美女知青，被推荐者则须夜间亲自到他家里拿推荐表。这可是关系到一生吃饭问题的大事，男知青忍无可忍，向新调来的副书记控诉；副书记板起脸向他们要证据，没证据要办他们诬告。几个男知青逼上梁山，某次蹲守到半夜，终于当场抓住。副书记得信，当即打电话上报到县里，书记锒铛入狱，副书记因有功而升为正职。

以色易食，或以食易色，是一种"自古以来"的交易，并非什么秘密，且有以之为职业的，如娼妓。中国人对此历来抱有一种复杂的同情，还流传下"逼良为娼"的成语和"笑贫不笑娼"的格言。良家妇女被逼为娼，与英雄豪杰的"逼上梁山"，可说属于同一个性质，都是在被逼迫之下违背本愿。梁山好汉改邪归正，途径是受"招安"，娼妓同样也有改邪归正的途径，即"从良"。不过，对显性娼妓的研究，已属于娼妓史的范畴，就此略过。

中馈录

鱼情蟹事

我们下乡插队的第一年，因为没有劳动工分，无从参加生产队年终分配，只能由国家负担基本生活费，每月发八块钱、三十斤粮票。这使我们成了农村中的特殊阶层，因为一个全劳力的社员，苦干一年也分不到二十块钱。农民们尊敬地称我们为"毛主席派来的大学生"，这称呼其实不无讽刺意味，我们恰恰是在毛主席的英明决策下，失去进入大学机会的一代高中生。

农村里的食品新鲜而便宜，农民卖蔬菜几乎等于白送，管镇街上的肉、蛋、鸡都是六毛钱左右一斤，还没有票证的限制。最实惠的是鱼，村子离洪泽湖五六百米，上湖边渔船挑鲜鱼，五六斤重的青鱼只要一块钱。我们因不善安排，到月底粮食接不上，便去买条大青鱼烩来当饭吃，比米饭还顶饱。七八分钱一斤的毛刀鱼也受欢迎，不用油，直接贴在铁锅壁上，用小火炕，炕得油光滋滋，铲到锅底加水熬汤，鲜美无比。刀鱼更好吃，就是刺多太费事。记得父亲曾说起过，将刀鱼的背鳍刺进木锅盖，锅底放一只碗，碗外加水，大火猛蒸，蒸酥的

鱼肉会脱落到碗里，鱼刺骨架则完整地留在锅盖上。于是如法
炮制，居然成功，就是烧去了队里太多的柴草，被队长好一番
抱怨。

买鱼趟数多，便发现有的渔船上，鱼篓里会有几只螃蟹。
这玩意儿在南京也是难得的美食，一年只能吃上几回，尝个
新。初时还担心价钱太贵，买完鱼临走时，到底忍不住问了，
哪知渔民太大方："要就拿去！"提起鱼篓，把几只大螃蟹都
倒进我们的篮子里。

这可真是意外之喜！更意外的是回到村里，几乎全村老少
都涌过来——不是看螃蟹，是看这几个吃螃蟹的人。难怪渔民
不拿螃蟹当回事，原来这里没有人要吃；但进了网或是上了
簖，也不能再放生，因为螃蟹会把渔网钳破。我们向房东借笼
屉，房东不愿意，说那东西太腥，日后还怎么蒸馒头？房东儿
子热心，抽根干树条盘起，用麻皮横竖缠几道，让我们凑合
用，居然也就将螃蟹蒸得红香四溢，但他怎么也不肯尝一口。
从那以后，我们逢秋冬买鱼，首先逐船查看蟹情，哪船蟹多蟹
大，就买他的鱼，然后讨螃蟹。渔民们也开心，还主动招呼我
们，赠蟹卖鱼。

听渔民说，螃蟹每年要回海里去产卵，洪泽湖东岸修了三
河闸之后，螃蟹必得从闸坝上翻越，不是身强体健的爬不上
去，成了一个自然的优胜劣汰过程。闸坝上夜间经常爬得黑压
压一片，汽车驶过，轧得像放小鞭一样串响。爱吃蟹的司机下

来随手捡拾，团脐尖脐，无不肥美异常，就给它取了个名字叫
"大闸蟹"。如今"大闸蟹"成了螃蟹品牌，各地都有蟹，可
几处真有大闸？而洪泽湖因为淮河的严重污染至于鱼蟹绝生，
竟已淡出了吃客们的视界。

且说当年，南京以"我们也有两只手，不在城里吃闲饭"
为幌子，将本有正当职业的十余万城市居民下放到农村，一位
同学当教师的父母就安置在我们大队。老人既喜欢围棋，又喜
欢吃蟹，重阳时节，花几块钱把湖边渔船上的螃蟹都收了来，
约我们几个会下棋的知青去。先吃蟹，大钳小爪皆不问，只将
蟹黄蘸姜醋。吃到尽兴开棋局，战至夜阑复开吃。也记不得吃
了多少螃蟹，只见掰下的蟹爪蟹钳堆了一脸盆。

其时我正好在老书记家里，发现一本商务印书馆民国年间
出版的《石头记》，据说还是土改时从地主家里抄得的，从来
没人要读。我也只是翻看情节，看到贾府里开螃蟹宴，凤姐
吩咐"螃蟹不可多拿来，仍旧放在蒸笼里，拿十个来，吃了
再拿"，不禁自豪，觉得我们吃螃蟹的气派，差可相似。也
喜欢上了宝钗的螃蟹诗——"酒未涤腥尚用菊，性防积冷定须
姜"，自是食蟹故事；至于"眼前道路无经纬，皮里春秋空黑
黄"里的"大意思"，当时以为懂得，实则是多年之后，才真
正有所领悟的。

同样是在历经沧桑后才深有感触的，还有宝钗为湘云设螃
蟹宴所做的那一番计较，人情世故，何其透彻，令湘云焉能不

"把姐姐当亲姐姐待"。以蟹代宴的妙处，清人夏曾传在《随园食单补证》中说得最为全面，其中即有此一条："豪富之家，动以暴珍为务；贫士请客，时形寒俭。蟹则唯用白水一锅，姜醋一碟，富家无所用其暴珍，贫士不致形其寒俭。"他还说到前人吃蟹，"素不蒸食"，因为让螃蟹在蒸汽中慢慢死去，过于残忍。袁枚曾说过："使之死可也，使之求死不得，不可也。"在他之前的顾仲也说道："活蟹入锅，未免炮烙之惨。宜以淡酒入盆，略加水及椒盐、白糖、姜、葱汁、菊叶汁，搅匀。入蟹，令其饮，醉不动，方取入锅。既供饕腹，尤少寓不忍于万一。"今天的动物保护组织，实在是该奉此辈为鼻祖的。

洪泽湖水面属于洪泽县，沿湖这一片土地则属泗洪县。泗洪的农民可以在湖中行船，洪泽的渔民也须上岸买蔬菜、柴草以至粮食。以前双方曾发生过争执冲突，"好佬"队长领一帮男子汉把渔船拖上干岸，逼得渔民办酒请客才放回水里。我当会计后，从中协调，力主友好往来，互补互利。到了冬月里，渔民们回家休渔前夕，邀我们几个队干部上船吃顿团圆饭。队长说，也不能白吃人家的，背了一袋新米、一袋山芋干去；又嘱咐我渔船上的规矩，鱼可以放开肚皮吃，但不可以要鱼汤。因为渔船上那一锅老汤，从来不换，不知炖了多少鱼鲜在里面，烧鱼都不用加作料。主宾在船舱里坐定，酒斟满杯，先上席的却不是鱼，而是蟹。那可是精心挑选出来的，每人尖团一对，都有碗口大。队长不便说自己不吃蟹，只说我爱吃，都推给我。那一晚我吃了八只大蟹，喝了半斤白酒，毫无醉意。倘若学鲁迅先生作《优胜纪略》，这是肯定要算一条的。

螃蟹有时也会溜到稻田里，在田埂上打洞，以致水田失水，那就非清除不可。早先社员掏出蟹来，都是斩碎了喂猪。后来看惯了我们吃蟹，有年轻人试着尝了，口味虽好，还是嫌剥起来太麻烦，干脆一刀两半，烩青菜，倒成了极佳的调料。

一九七五年深秋，上海人不知怎么得知消息，开了卡车守在管镇街上收螃蟹，六角九分一斤。螃蟹居然能卖到猪肉价钱，使当地农民和渔民都大吃一惊，于是捕蟹贩蟹者群趋而至。然而上海人何等精细，收蟹有严格标准，挑肥拣瘦，缺一条爪都不收，使不少初涉此道的贩蟹人，大呼上当。

鹅颈牛蹄

在希腊神话中，众神之王宙斯曾化身为天鹅，使美女丽达怀孕，这一题材激发了诸多画家的创作灵感。画面中心精心描绘而引人注目的，除了丽达的裸体，便要数修长而健美的鹅颈，我很怀疑那其实是男性生殖器的隐喻。其形象相比于国人所崇拜的牛鞭与驴鞭，可就浪漫得太多了。

中国古代神话中好像没有出现过鹅，骚人墨客也不大在意鹅颈之美。宋代的诗人将僵硬的鹤嘴锄唤作鹅颈，诚可谓暴殄天物；所以听说园林中的美人靠别称鹅颈时，我是颇有些感动的。唯一的例外是王羲之，但是又为人所不理解。古往今来，重述羲之爱鹅故事的人不胜枚举，却少有人追问他为什么爱鹅。倘若从书法家的视角去看，最能给他以启发的，当首推鹅颈的劲健与灵动。后世书人，不是像那个宰了鹅招待王羲之的老太太，就是像那个以鹅换王羲之法书的道士，怎么可能得到书圣的真谛呢。

另一个注意观察鹅颈形态的人是骆宾王，"曲项向天歌"，鹅浮在水上，不像公鸡那样伸直了脖子吼，曲项而歌，便显示出一种举重若轻的优雅。就像舞台上的歌手，凡受过美声训练的，长身端立，高亢处不过上身微向后仰，而来自山野的民歌手，往往如老牛耕田那样奋身前探，努力将肺腔中的空气挤压出来。

我们对鹅颈的认识，最初即源于骆宾王的这首诗。小时候很少能见到鹅，因为南京人忌吃鹅肉，指其为"发物"，会诱发疾病。民间传说明太祖朱元璋剪除开国功臣，中山王徐达害搭背，皇帝故意送了两只烧鹅给他吃，徐达含泪吃下，果然疽发而死。俗语且将不机敏的人讥为"呆鹅"。城市少年，对于既进不了动物园又进不了菜市场的禽畜，往往认识模糊，鹅鸭不分，骡马不分，都不足为奇。

与鹅颈的零距离接触，已是一九七七年，我在南京钢铁厂当工人，住集体宿舍，一日三餐都在食堂吃。车间食堂不知从哪儿弄来一批鹅头颈，煮熟了卖一毛五分钱一根，连头带颈一尺来长，当过知青的大肚汉，也能撑得五饱六足，女工都是两人合买一根。这让我们大喜过望。当时我们月工资三十二元，虽然比起插队时已是天上地下，但城里处处要花钱，弄不好就捉襟见肘。食堂的荤菜至少两毛钱一份，吃着总是不过瘾，再加个五分钱的蔬菜，工资的一多半就只糊了个嘴。也确实是在农村七八年，把人熬空了，我一米七二的身高，冬天勉强能有六十公斤，夏天只有五十来公斤，常被人议论，说我骨架大、头发长。母亲见面就叮嘱我多吃些，可而立之年的光棍，谁也不敢做月光族。

此时鹅颈在手，握着就觉得敦实，先把颈皮撕着吃，正在饥头上，也就不觉其粗；皮下的筋肉，又香又有嚼头，正属南京人所称道的"活肉"，一节一节拆开剔净，顺便抽取骨髓；饭吃完后再对付鹅头，直至敲开头骨，剥出脑干，才算结束。大约有十来天，大家一下班就冲向食堂排队，抢先挑选又长又粗的鹅头颈。然而真就是惊鸿一瞥，转瞬即逝，再也无迹可寻，车间食堂又恢复了以往怨声载道的局面。按女工们的形容，稀饭是"的确良（凉）"，青菜是"中长纤维"；大肉包子第一口没咬到肉，第二口又咬过头了。

南京城里，几乎每条街都有鸭子店，兼卖盐水鹅。然而无论我怎么留意，鸭子店、卤菜店、熟食店，从没有单卖鹅头颈的；除非买整只的盐水鹅，就不可能得到整根的鹅头颈。当年痛快淋漓地大啃鹅头颈，也就成了集体食堂难得的美好记忆。

同在那个年代，印象深刻的美食，还有熬牛蹄。虽然熊掌贵为山珍，可牛蹄至今不登大雅之堂。所以这道菜只有自己动手做，不称煮、炖、煨，而名之为"熬"，是形容制作过程的漫长。我的一位知青朋友，有亲戚在宰牛场工作，每个月会帮他留一副，四只牛蹄两块钱。这种行为，当时称为"开后门"，属于"不正之风"，党和国家曾颁发红头文件，要求杜绝"开后门"。然而"开后门"就像臭豆腐一样，人人闻着臭，个个吃着香，对"开后门"深恶痛绝的人，只要有"开后门"的机会，绝不会放过。原本就供不应求的物资，从"后门"流出的越多，能在"前门"公开销售的就越少；某单位若无"后门"可开，也绝进不了别人的"后门"。结果弄得全社会的运转，都要靠"开后门"做润滑剂。

当年各种主副食品均凭票供应，肉票控制严格，每人每月半斤。我们因是工厂里的集体户口，不发个人票证，所以有资格在车间食堂吃鱼肉蛋菜，但每月买菜票也是有定额的。星期天回父母家团聚，父母一定要做些荤菜，儿女不吃他们还不高兴，然而他们自己则不得不长期吃素。牛蹄因不受领导重视，侥幸漏网，成了计划外物资，无须凭票购买，倘若在菜市场公开出售，一定大受人民欢迎，肯定轮不到我们这些长年住在厂里的工人。

近水楼台"开后门"，同样也不能不受地位高低的制约。比如说一头牛四只蹄，人所共知，但同是四只牛蹄，其间大有差别，老牛蹄和小牛蹄，就远不及壮年牛蹄；同属壮年牛蹄，又有大小之分；若是黄牛蹄，就更优于水牛蹄。友人的亲戚似是中层干部，所以他能买到较好的水牛蹄，可从没买到过黄牛蹄。

周六晚上牛蹄到手，首先要烧热水泡，泡两三个小时，待牛蹄外沾的污垢软化了，洗刮干净。我们可算半个农村人，知道骡马的蹄足，备受呵护，牛蹄可从没人关注。尤其是水牛，无论行走耕作，从不低头看路，四只牛蹄，真可谓水里水里去，火里火里去。书本上都赞扬"老黄牛"精神，我们那儿的黄牛则是散养着，什么活也不干，到时候杀了吃肉，跟猪一个性质，任劳任怨的只有水牛。洗净的牛蹄下锅煮，无论冬夏，都必须门窗大开，否则溢出的腥臭污气，能把人熏倒。煮到蹄壳渐软，取出来，把外层的皮壳剥去，这才露出筋骨。于是用碱水净锅，重新加入冷水，煮沸了，就焐在煤炉上熬。其时已近夜半，可以关上门窗，放心睡觉。第二天早晨醒来，满室生香，看锅里筋松骨散，可将蹄骨捡出，留下蹄筋；一个牛蹄能有一斤蹄筋，加五香八角姜葱作料一烩，中午约上两三位老友，开一瓶双沟大曲，美美地享用这一顿大餐。

这样的聚会，我参加过两次，所以知道烹制的过程，但没有亲手做过，因为我买不到牛蹄。此后市场供应逐渐丰足，从"议价肉"上柜到取消肉票，不过两三年时间。牛筋也成了家常菜，不过那都是牛腿上长条状的大筋，而蹄筋则是块状的。

三十多年来，一直没见过公私菜场有牛蹄卖。二〇一四年初夏，与朋友们去皖南碧山镇，访钱晓华新开的碧山书局和陈卫新筹划的蚕房工坊，在小饭店里，居然意外地吃到了牛蹄筋，是炖熟之后干切成片上桌的，只觉得嚼起来很费劲，口味也不过平平。

或许，记忆中的美味，也只能让它留在记忆里。

曲項向天歌 乙未春正

龔麗娜

茶　食

　　一九八三年春天，我被借调去为南京市文学讲习所学员编教材，编辑部设在夫子庙青云楼二楼。前后一年时间，每日在夫子庙进进出出，中午轮换着品尝各家茶点小吃，饭后散步，或在东西市场翻旧书看古玩，或在金陵路上赏花鸟选奇石。其时物价水平尚低，我月工资近六十元，另有稿费收入，真是过去做梦也想不到的宽裕。依当年的标准，万字短篇小说的稿酬就高于月工资；时至今日，一部三十万字的长篇小说，稿酬也不过两三个月的工资。

　　我对夫子庙历史文化、老城南民风民俗的了解，也就是在那时打下的基础。

　　夫子庙地区主要包括孔庙和江南贡院两条轴线，中间隔着一条贡院西街。自清末废科举，江南贡院渐被蚕食，南部成为商市，北部则成了中医院，只中部保存着一座明代建筑明远楼。孔庙自秦淮河南岸的中国第一大照壁肇端，以河道为泮池，向北依次为"天下文枢"木坊，石构棂星门；孔庙大成殿，两边即东西市场；大成殿后是学宫和尊经阁。尊经阁东有

117

祭祀孔子父母的崇圣祠，其时被改作小剧场，称梨香阁，门额
"梨园"，泡茶听戏，算是夫子庙戏茶厅的一缕余脉；梨园东
邻，就是青云楼。据说青云楼始建于明万历年间，原为三层，
晚清因防人偷窥贡院以通关节，改为两层，楼上藏书，楼下阅
览。民国年间曾设南京通志馆于此，一度易名徵献楼。我们编
的玩意儿固然不能与卢冀野先生所编的《南京文献》相比，但
能置身于这文化渊薮，心中是颇引为自豪的。

自青云楼东行数步，上了贡院西街，第一家名小吃，便是
清真蒋有记，专售牛肉锅贴和牛肉汤。朝东两间门面，店堂不
深，靠后墙一面大灶上，砌入两口大铁锅，锅里常年熬煮着高
堆的牛骨架，清香满街飘逸，引得过往行人无不侧目。临街一
条长案板，是包锅贴用的，一片面皮中包进多少牛肉，谁都看
得清清楚楚；两座大炉上，一是煎锅贴的平锅，一是煮汤的深
锅，牛骨汤至此再经料理，加入肉片，方成美味牛肉汤。蒋有
记的锅贴外形较煎饺狭长，煎炸透黄而不焦，馅肉多汁带卤，
饺皮薄而不破，让人百吃不厌。店堂里摆布着四五张方桌，吃
客络绎不绝，有如流水席；也有人在附近茶馆泡了茶，特为来
买锅贴去做茶点，所以门前常见人排着队。

蒋有记的近邻，便是莲湖甜食店，专以玄武湖产莲子做甜
点，如糖水莲子、藕粉莲子、鸡蛋酒酿莲子、银耳莲子、西米
莲子。莲子熬得烂熟，加上桂花、果料，清香四溢。爱吃甜食
如我者，总是受不住诱惑。光吃莲子当不得饱，幸而还有糖粥

藕、糖芋苗、桂花夹心小元宵和五色糕团，都是该店的当家名点。有趣的是其店招，初时自右向左只写两个大字："湖莲"，往往被人念成"莲湖"。店家也不计较，后来重新装修店面，索性就叫莲湖甜食店了。

贡院西街南口，与贡院街交角处的新奇芳阁，可谓占尽夫子庙的地利，又新翻修了店面，上下两层，摆放着数十张茶桌，故有"龙灯头"之誉。新奇芳阁的茶点品类众多，最有名的是两组：麻油干丝配鸭油酥烧饼，鸡丝面配什锦蔬菜包。至于他家的茶，倒没给人留下什么印象。

南京的小吃，之所以俗称茶食、茶点，是因为初始是在喝茶时用的点心。南京人爱喝绿茶，未经发酵的绿茶，所含茶碱会刺激胃分泌过多胃酸，俗话叫"伤胃"，胃寒的人尤不宜饮用绿茶。因此喝茶时吃一些点心，用以中和胃酸，是符合养生之道的。南京人素有"早上皮包水，晚上水包皮"的习惯，早晨坐茶馆品茶吃点心成为一种风景。据说六朝时秦淮河两岸的大小商市上，茶铺已然兴起。民国年间，夫子庙一带茶馆多达数十家，明里暗里相互竞争，茶点遂越做越臻精美，且各有拿手品种。天长日久，茶点小吃竟喧宾夺主，成为某些茶馆的主业。也有些点心，像蒋有记牛肉锅贴那样，原本是独立经营，因与茶馆有相辅相成之益，也被归为茶食。

秦淮小吃的名声传扬天下，远近客人被吸引前来，意在茶点，竟不论茶；而烧饼、包子、锅贴、糕团、煮蛋等，单吃未免有些干噎，所以店家又为这样的食客准备了汤点，形成南京小吃"一干一稀"相搭配的特色。当然茶是定会有一杯的，只往往闲置一旁，成了摆设。

新奇芳阁的什锦蔬菜包，尤见特色，出笼时于热气蒸腾间，可见面皮上现出斑斑翠绿，人称"翡翠包子"，入口鲜香清爽。其馅料或用荠菜，或用青菜、菠菜，必取鲜嫩，择洗洁净，以沸水烫至八成熟剁碎，再掺入芝麻、木耳丝、香干丁等，加小磨麻油拌匀，旋包旋入笼；面皮发酵、蒸工火候，均须恰到好处。这话说来简单，实则要把握得毫厘不差，绝非易事。

新奇芳阁对街，夫子庙的地标建筑奎星阁下，便是老店新开的魁光阁茶社。茶社肇始于清末民初，原名奎光阁，读书人都爱来此讨个夺魁的彩头，当时也流传下"奇芳阁、奎光阁，各吃各"的俗话。魁光阁茶社的雨花茶颇为人称道，五香豆和五香茶叶蛋也独步一时。

沿新奇芳阁东行不远，便是六凤居，葱油饼堪称一绝，豆腐脑别具风味。据说早年有五凤居、六凤居和德顺居，卖的都是葱油饼和豆腐脑，各显神通打擂台，给了吃客"货比三家"的机会，而各家的点心也越做越精。公私合营之际，五凤居歇业，德顺居并入六凤居，这一套葱油饼配豆腐脑的绝活，再没有人能比肩。

有条件的茶馆，由茶而点而特色菜肴，佐以香醪名酒，茶、点、酒菜三合一，吴敬梓《儒林外史》中，就已经写到这样的"茶酒楼"。贡院街与龙门街的交角，百年老店永和园，三层楼店面，就是当年夫子庙一带最大的茶酒楼。

永和园的前身，是清末名茶馆雪园，以维扬细点著称；一九四一年易主，改用现名。其时各茶馆都做煮干丝，永和园别出心裁，改做烫干丝，干丝经沸水多次淋烫而熟，完全去除了豆腥味，可谓貌合而神异；考虑到食客口轻口重需求不一，店里将麻油佐料另盛一小碟，由客人自行添加调拌。干丝的配料也是花色繁多，素料有香菇、鲜笋、口蘑等，荤料有开洋、鸡丝、肉丝等。各种包饺糕点，无不精心细作，尤以蟹壳黄酥烧饼脍炙人口，有"一口酥"的美誉。城南的老人，最可心的下昼儿，便是将酥烧饼掰开来，蘸小磨麻油，余香犹令人回味。

那几年，可以说是二十世纪后半叶，夫子庙茶食经营最为兴盛的时期。五六十年代市民经济条件拮据，且政治运动不断，能有这份闲情逸致的人不多。"文化大革命"期间茶馆、茶食均被当作"四旧"，必破之而后快，于是茶馆"革命化"为早点店，一律改做大包子、大馒头，配以豆浆、稀粥、咸菜。南京素有俗话："人大笨，狗大呆，包子大了一肚子菜。"此时却成为一种荣耀。七十年代末，随着夫子庙灯市恢复，茶馆复业，所幸各种技艺传人尚在，茶食也得以重整旗鼓。其时市民心情舒畅，经济渐趋宽裕，兼之旅游初兴，国内外游客纷至沓来，使得夫子庙小吃的声誉，广为传播。

一九八七年，秦淮区的风味小吃研究会，正式命名了夫子庙小吃中的"秦淮八绝"，依次是魁光阁的五香茶叶蛋、五香豆、雨花茶；永和园的开洋干丝、蟹壳黄烧饼；新奇芳阁的麻油干丝、鸭油酥烧饼；六凤居的豆腐涝、葱油饼；新奇芳阁的什锦蔬菜包、鸡丝面；蒋有记的牛肉汤、牛肉锅贴；瞻园面馆的薄皮包饺、红汤爆鱼面；莲湖甜食店的桂花夹心小元宵、五色糕团。其间很有几种，是近百年的老品牌了。

这本是桩好事，不料地方政府却发昏招，要求夫子庙各茶馆、酒楼，都出售配套的"秦淮八绝"，而像独家经营的蒋有记、六凤居等，竟被并入别店。在计划经济已遭唾弃的时代，却对最需要自由生长的民间小吃，强加政府指令，纳入统一经营。其结果，是各店粗制滥造，所有的小吃都失去了原有特色，徒具虚名；而食客被迫一次接受二三十道点心，死撑活涨，叫苦不迭，意趣全无。当时因十里秦淮污染发臭，被外地游人谑称为"臭美"，而秦淮小吃也成了另一种遭人诟病的"臭美"。

揣想官员们的心思，是希望让人们能一次品尝到夫子庙小吃中的全部精华，免得一家家一回回跑得麻烦。他们却不懂得，这一家家一回回的寻访与选择，正是乐趣之所在。人性贵自由，凡遭强迫，必然不欢。另一方面，百年老店，百年名点，都是在自由竞争中脱颖而出，坚守品质才得以延续，行政颁令全无用处。这批习惯于保姆包办心态的没文化官僚，毁掉了夫子庙小吃的精髓。如今新奇芳阁虽在，翡翠包子已无人会做；蒋有记、六凤居易地挂牌，有名无实；永和园又遭搬迁，元气大伤；魁光阁更不知去向。夫子庙传统小吃的重新振兴，新兴小吃的创立名号，都须等待时间的再一次淘洗了。

────────── 盐水鸭·咸板鸭 ──────────

盐水鸭如今成了南京的"城市名片"。南京的街头巷尾难
得看不到鸭子店,南京的鸭子店前难得没有人排队。十年前来
了外地客人,南京人热情推荐盐水鸭,如今则是客人主动要求
品尝盐水鸭,真正是"无鸭不成席"。

然而,三十年前,盐水鸭的声望远没有这么高,那时的南
京名产还是板鸭。如一九八四年出版的《南京市场大观》中,
明确地说"南京板鸭是名扬中外的著名特产",而"盐水鸭是
南京有名的地方特产",其差距不言而喻。

板鸭从何时成为南京特产,似已难以考据,清代即有"六
朝风味,白门佳品"之誉。夏仁虎《岁华忆语》中说:"金陵
人喜食鸭,此已见于《南史》,由来久矣。"然江南水乡,养
鸭供食,应更早于南朝。而板鸭的制作,通常的说法是肇端于
明末清初。可是清朝乾隆年间,定居南京的袁枚作《随园食
单》,列举鸭馔十种,有烧鸭,"用雏鸭上叉烧之",有卤
鸭、挂卤鸭,却没有提到盐水鸭和板鸭。时隔八十余年,光绪
三年刊印的夏曾传《随园食单补证》中,增入"板鸭"一条:

"南京谓之盐水鸭，宜以笋煨之。予家向日自制酱鸭、板鸭，皆非市肆所可及。"夏曾佑也是杭州人，他家虽会制板鸭，却弄不清板鸭与盐水鸭的区别；"宜以笋煨之"的可以肯定是板鸭而非盐水鸭。

当然板鸭的出现，也不至于晚至此际。南京曾流传过一首阐扬本地风物的民谣："大脚仙，咸板鸭，玄色缎子琉璃塔。"大脚仙是对某种妇人的谑称；玄色缎子指云锦，云锦织造在清代乾隆、嘉庆年间达到极盛，太平天国盘踞南京后一蹶不振；琉璃塔即大报恩寺九层八面五彩琉璃宝塔，在"天京事变"中被韦昌辉炸毁。民谣中既以咸板鸭和云锦、琉璃塔并举，可见咸板鸭的成名，至迟不能晚于嘉庆、道光年间；而其技术的成熟、品质的提高也须有一个过程，其制作之始，或即在清初。

陈作霖在光绪末年刊印的《金陵物产风土志》中，对南京人的吃鸭经做了明晰的阐述，也说清了盐水鸭与咸板鸭的区别："鸭非金陵所产也，率于邵伯、高邮间取之；么凫稚鹜，千百成群，渡江而南。阑池塘以畜之，约以十旬，肥美可食。杀而去其毛，生鬻诸市，谓之水晶鸭；举叉火炙，皮红不焦，谓之烧鸭；涂酱于肤，煮使味透，谓之酱鸭；而皆不及盐水鸭之为无上品也，淡而旨，肥而不酞；至冬则盐渍日久，呼为板鸭，远方人喜购之以为馈献。"

鸭子是种食量很大的家禽，过去有俗话道："家有万担粮，不养扁嘴王。"苏北水乡高邮、邵伯养鸭，春、夏、秋三季，鸭子可在湖泊、田野间觅食，饲养者只须补充些饲料，通常五十天到七十天就可以长成仔鸭，运往南京。鸭子的运输方式也很有趣，并不需要车载船装，鸭农们利用鸭子善凫水的特点，驾小船执长竿指挥鸭群，循运河、越大江，一路放养而来。鸭们自行赶路，沿途自行觅食，千百成群，蔚为风景。到了秋深冬至，鸭子完全要靠饲料喂养，成本太高，鸭农就休息一季。而南京的鸭店，也就与此同步，一年做三季盐水鸭，在农历十月底到十二月间，则将收下的鸭子全部做成板鸭。

盐水鸭虽然鲜美无与伦比，但在当时的条件下，只能现买现吃，无法保存与携带；所以远销各地或作为礼品的，只有板鸭。官员绅商逢年过节互访，多喜欢以板鸭为礼品，遂有了"官礼板鸭"之称，据说且曾被用作进贡皇帝的"贡鸭"。确切无疑的是，一九一〇年的南洋劝业会上，南京韩复兴鸭店生产的板鸭获得了一等奖和金质奖章，从此声名远播，畅销海内外。据统计，抗日战争爆发之前，南京板鸭的年销量，曾高达二百六十万只。此后因战乱绵延，下降到三十万只；二十世纪五十年代又迅速回升到百万以上。后韩复兴与魏洪兴两家老店合营，生产雪花牌咸板鸭，亦名重一时，南京人都晓得"要吃鸭子韩复兴"。韩复兴门前的屋檐下，自秋后到仲春，总是吊挂着一排板鸭。直到二十世纪八十年代初，板鸭还是著名的土特产，南京人去外地探亲访友，都时兴以咸板鸭做礼物，年产量在三十万只左右。

为了保证板鸭和盐水鸭的品质，店家对于鸭子的选择十分严格，要求无病无伤、体宽身长、肌肉发达、羽毛平滑、行动活泼。夏仁虎《岁华忆语》中说："鸭蓄之水塘，听自谋食，故胜于北方填鸭之痴肥。桂花开后，丰腴适口，故谓桂花鸭。"旧时不少店家都有池塘场地，买下仔鸭后，还要精心喂养数周，待其肥壮再宰杀。所以陈作霖说鸭子的养成大约一百天。肥育期间的主饲料，首选稻谷，可使鸭子皮色白皙，肌肉紧实而鲜嫩，且脂肪熔点较高，做成的板鸭到次年的初夏也不易走油变味。如果喂玉米、米糠等，则易变形变味。倘使吃小鱼小虾过多，也会使鸭肉微带腥味。

所以，盐水鸭的香嫩，以稻谷初熟的农历八月为最佳，民国年间，张通之仿《随园食单》著《白门食谱》，说"金陵八月时期，盐水鸭最著名，人以为肉内有桂香花也"，俗称"桂花鸭"，做得最好的，是"七家湾西小巷内王厨"，其肥而嫩，为外间所不及。有趣的是，生产获奖板鸭的韩复兴，即在相距不远的仓巷。两处皆近水西门，因为当年水西门是南京最重要的水陆码头，主要的鸭市就在水西门一带。

张通之也写到"仓巷韩复兴咸板鸭"："韩复兴之板鸭，肥而且香，亦久闻名于外。盖其鸭之肥，喂以食料，待其养成；至其肉之香而嫩，亦腌之适宜，有一定之盐，与一定时；又闻食时，其煮之火候，亦有一定。予家曾在该铺购一肥咸鸭，煮熟时，味之不香，与肉之不嫩，比之该铺所售者，大不相同。问店主，彼曰，此即煮之时太过也。"

煮板鸭是须得懂其技巧的,弄不好又咸又老,不堪入口。以张通之这样的饕餮客,尚且煮不好板鸭,可见此事之难。我曾请教过行家,才知道板鸭不是煮熟的,可说是烫熟的。煮前先用清水浸泡半天到一天,泡时要用空心竹管插进鸭肛门,使鸭肚里的盐水能渡出来,才不至于太咸;而入水烧煮时,鸭体内外的温度也易于平衡。煮时先将葱、姜、八角等作料随冷水下锅煮沸,停火止沸后才能将鸭放入,再以茅草文火烧至锅边水冒小泡,俗称"抽丝水",也就是煮蚕茧抽丝的水温,将鸭提出,倒掉鸭肚里的咸汤;稍添冷水,煮二十分钟后,停火二十分钟,再提鸭倒汤;然后再以文火煮二十分钟即熟,待鸭冷却、脂肪凝结后,便可切来吃了。倘若认真去煮,无论猛火文火,都是越煮越老,再也啃不动。正因为其烹调技术难以把握,近年盐水鸭的真空包装保鲜问题一解决,板鸭便几乎完全退出了市场。

南京的鸭子店里,如今主要供应的,是盐水鸭和烧鸭。南京人吃鸭子的劲头,确是令人没法不佩服,记得报纸上公布过统计数字,说一天就要吃掉若干万只!如今的鸭子都是合成饲料喂养,一年四季,随时供应,不必专待桂花时节。我曾在苏北参观过几处饲养场,据介绍仔鸭孵出,三十八天就能长足一斤半。那鸭子长相怪异,没有大毛,遍体绒毛;腿软站不直,只能在地上扭,更不会游水。说白了,它只生长人类所需要的鸭绒和鸭肉。我惊问这样的鸭子卖给谁吃,回答很明确:就是给你们南京做盐水鸭的啊!

鸭之余

小时候，我家住在石鼓路西口，街对面就是一家鸭子店。那时没有塑料盒袋，店家都是准备了新荷叶，将斩好的盐水鸭一层层摆布在荷叶当心，叶边四面翻叠，用一根细麻绳扎成方包，上端留个绳扣，可以用两根手指，悠闲地勾着。到家打开来，面上一层的鸭脯仍排列得整整齐齐。如果只买一个鸭脯，店员懒得打包，便扯一小片荷叶垫着，让你托在手心里。托这鸭子的若是个大孩子，那就很难受得住诱惑，免不得一路偷嘴了。

印象中当年人们吃盐水鸭的积极性，远没有如今这么高。大约一则肚里油水太少，鸭子再肥，也没有红烧肉迷人；二则经济拮据，不可能常吃。像我们家，一年到头，也就是桂花鸭上市时会尝尝新。更多的时候，是母亲让我捧一只小钢精锅，到街对面鸭店去打老鸭汤，也就是煮盐水鸭或板鸭时的咸汤，记得二分钱就可以端回一小锅，极便宜。母亲用这鸭汤煨萝卜，南京的萝卜原本就有名，煨出的萝卜更沾上了鸭子的鲜美，还省了家里的油盐——这可不是母亲的发明，而是当年颇受南京市民欢迎的家常菜。叶灵凤先生远别故乡多年，在《岁暮的乡怀》中还念念不忘地提起："除了烧鸭之外还有烧鸭汤，那是可以单独向烧鸭店里买得到的，说是烧鸭汤其实是净汤，这是店里煮鸭的副产品。家乡有的是外红里白的萝卜。'萝卜煨烧鸭汤'是最常吃的一味家常菜。"不过这传统好像已被南京人遗忘了，近几年南京小饭店里大卖"老鸭汤"，汤里的配料，就没见有放萝卜的。

当然，在盐水鸭的副产品中，老鸭汤着实不值一提，脍炙人口的是四件，也称事件。《随园食单补证》列有"鸡鹅鸭事件"："今人以鸡鹅鸭之肫、肝、心、肠谓之事件，或曰四件。京师曰三件。或鸡曰鸡杂，鸭曰鸭杂。鸡四件太小，以炒食最宜；鹅鸭者用火腿煨食甚佳。以鹅为尤胜。"

但陈作霖《金陵物产风土志》所举四件，内涵与之不同："市肆诸鸭，除水晶鸭外，皆截其翼、足，探其肫、肝，零售之，名为四件。"水晶鸭，就是现在市面上所卖的光鸭，宰杀褪毛，不破肚。而做盐水鸭和板鸭，宰杀放血，褪毛拔舌、去翅去足后，即在右翅下开五厘米直口，用食指与中指掏出心、肫、肝、肠、肺，清空光鸭腹腔。

以我所见市场上的鸭四件，则是心、肝、足、翅四物，有生卖的，也有熟卖的。鸭肫、鸭肠、鸭血则另做他用，只有鸭肺是弃物。近二十年来，卤菜店里多已将足、翅和心、肝分开出售，价格也大不相同。而足和翅又有一个生动的名字，叫作

"飞飞跳"。

鸭肫肉厚而鲜嫩，店家一向单独出售，生、熟、腌制的都有。鸭子店中，在制作盐水鸭和板鸭时，取出的鸭肫及时洗净，盐腌半天到一天，再次清洗，然后用细麻绳串起，十只一串，晒至七成干，整形后挂在店堂里，很有些像北方人家所挂着的大蒜或辣椒。咸鸭肫被列为南京土特产品已有百余年，旧年销往我国的香港和外销东南亚，是一种重要的换汇商品。

鸭舌和鸭掌，都是好食材。《随园食单补证》中即有"鸭舌鸭掌"的做法："鸭舌、掌用鸡汤烩之鲜美。"鸭子店里有煮好的鸭舌卖，民间传说多吃可增长口才，所以家长爱买给孩子吃。这种说法想来也是源于中医的"吃什么补什么"。虽然唐代诗人陆龟蒙有"养得能言鸭"的故事，究其实，亦不过"自呼其名"耳。但大量的鸭舌，还是供应饭店做菜，红烧白灼均可，是南京的名菜之一。鸭掌的软骨和筋腱，也是美味。近年有饭店将鸭掌中间的筋腱挖出，如花生米大的一粒，美名曰掌中宝，配菜烹炒，颇受欢迎。

宰鸭时流出的鸭血，须随即掺入盐水搅和，稍待片刻，渐有凝结，放入沸水煮熟，然后浸在冷水中备用。熟鸭血夏天只能保存半天，冬天可以保存三五天。鸭血可以清炒，可以煨炖。南京人喜欢以鸭血丁与豆腐丁合煮，红的酱红，白的乳白，雅称红白豆腐，也是有名的家常菜。但鸭血的大宗，则是进入小吃店，与鸭肠一起，制作南京传统小吃鸭血肠汤。

鸭血肠汤现在已经不大听说，取而代之的是鸭血粉丝汤。近年南京的报纸上，出现关于"正宗"鸭血粉丝汤的争论，已不止一回。然而，直到二十世纪八十年代初，还没听人说起过鸭血粉丝汤。

那时的鸭血肠汤，五分钱一碗。店家有些像茶馆，面街敞门，几张大方桌围着条凳，有时候桌椅都铺到街面上来。临街一条长案板，一只大炉，火上的汤锅滚沸，溢出阵阵诱人香气。当年没有广告，没有代言人，商家的竞争，全靠商品本身的过硬。这汤是用鸭骨架熬出的高汤，有时还会掺些鸡汤。煮熟的鸭血切成方丁，鸭肠切成寸段，盛在大盆里备用。有人付钱，便将红血、白肠入碗，冲以滚汤，再撒上些青蒜花，色香味俱佳。《随园食单》中强调："清者配清，浓者配浓，柔者配柔，刚者配刚，方有和合之妙。"鸭血肠汤，正得清者配清之妙。

店堂深处，放着几个大木盆，里面分别用水浸着大块的鸭血和洗净的鸭肠，以示货真价实。《饮食须知》中说鸭血"味咸，性冷，解诸药毒"，南京人因喜吃鸭而及鸭血与鸭肠。鸭肠须仔细清洗，稍有疏忽，便会留下难闻的腥味。家里清洗鸭肠，都要用盐麻一麻，以除污浊。店里在清洗之后，入沸水一分钟，即已煮熟；煮老了不好吃，而且鸭肠皱缩也不好看。

记得是在一九八五年前后，鸭血肠汤的做法开始有些不地道。大约因为农副产品价格上调，鸭肠的价格也随之提高，要维持鸭血肠汤的价格不变，就得降低成本，所以汤里的鸭肠越来越少，从红白参半，到成为点缀，最后完全消失，成了鸭血汤。这就也不免遭到老食客的非议。大约是为了抚慰人们对鸭肠的怀念，不知由谁兴起，在鸭血汤中加进了白色的粉丝。鸭血肠汤变成鸭血粉丝汤，实在是一种鱼目混珠，也就是拿廉价的粉丝，替代了美味的鸭肠。

这也是那个转型时期的特色产物。按照市场经济的正常逻辑，鸭肠涨价了，鸭血肠汤也就可以理所当然地随之涨价，不该以降低商品质量来维持原价。然而，在计划经济下持续了三十年的"市场繁荣，物价稳定"，使人们误以为商品价格不变是常态，对于任何涨价都持反感态度。尽管官方回避"涨价"而使用"调价"的概念，但上调还是下调，是一目了然的。香烟初次"调价"时，曾引发烟民上街游行抗议；公交车票价上调时，曾有人扬言"罢乘"。农副产品价格上调是政府行为，并且给城市居民发放了相应的补贴；可是鸭血肠汤这种小小不言的终端产品，便陷入了尴尬境地，政府顾不上过问，自行调价必然引起食客的不满。两害相权取其轻，经营者选择了粉丝替换鸭肠的策略。

二十余年过去，鸭血粉丝汤逐渐占领了市场，赢得了口碑；鸭血肠汤虽未被完全遗忘，但也少有人怀念了。且有人说，鸭血肠汤那种清汤寡水，还不如鸭血粉丝汤来得实在，足以充饥，窈窕淑女有一碗就可以抵一餐。这种说法自然也有它的道理。除了"放之四海而皆准"的绝对真理，世间事物无不变化，谁能说鸭血肠汤就不能变身为鸭血粉丝汤呢！

就鸭血粉丝汤而言，既有二三十年历史，自也可开宗立派。南京随处都可以看到卖鸭血粉丝汤的店面，有几家已成了名牌老字号，开出了连锁店。外地有朋友来，常会点名要吃鸭血粉丝汤。因此，其"正宗"与否的争论，也就不能完全视为笑谈。如果南京什么时候评选"新派小吃"，我肯定会投它一票的。

二十世纪八十年代读闲书，才晓得鸭肠上的胰子白，在民国年间被做成了一道名菜，得到于右任的青睐。张通之《白门食谱》有记载："南门外马祥兴美人肝与凤尾虾。其所谓美人肝者，即取鸭腹内之胰白作成，因选择极净，烹治合宜，其质嫩而味美，无可比拟，乃名之为美人肝也。"胰子白长约六厘米，每份菜须用三十根，也就是须杀三十只鸭子，若非南京这样吃鸭成风的城市，美人肝还真是吃不起。据说"文化大革命"期间，"美人"也成"四旧"，菜名遂改为"美味肝"，叫人莫名其妙。近年马祥兴移址湖北路"老店新开"，"美人肝"仍是招牌菜之一。

最后要说鸭头，鸭头可以随盐水鸭卖，也可以单独卖，价钱便宜得多；南京人有专爱吃鸭头的，看上去一个光脑壳，绝无可食之处，然细细抉剔，皮、筋、眼、脑，各有风味，一个鸭头能下二两酒。

世界上还有什么地方，能将一个鸭子吃出如许之多的名堂来？

───────── **望鸡蛋** ─────────

如果要说有什么食物，在南京的受欢迎程度能与盐水鸭相
媲美，那恐怕就非望鸡蛋莫属了。

望鸡蛋是孵小鸡而不成的鸡蛋，这一点不会有疑问。但是
这个蛋名，说起来无异，写法却不一。许多人是写作"旺鸡
蛋"的，此外还有"望（旺）蛋、喜蛋、毛蛋、照蛋"等叫
法。旧时传说，望鸡蛋吃多了会影响记忆力，所以小孩子不许
吃，以至于有人便写成"忘鸡蛋"。我以为还是用"望鸡蛋"
较为适宜。因为炕房里孵小鸡，到了第八天，必做的功课是照
蛋，即取蛋对灯照而望之，将未受精蛋或死胚胎蛋剔出来；到
第二十一天，还须再照一次。也就是说，这种蛋是因"望"而
得。"旺"字虽为人所爱，但称孵不出鸡的蛋为"旺"，与义
不相合。

清代光绪年间出版的《随园食单补证》中，已经有关于望
鸡蛋的记载，称"囮退蛋"，"囮"有化生、化育之意，化而
不成，退为此物。"蛋之囮而不成者，吴人谓之喜蛋。有成形
者，有半成者，用酱油煮之极鲜。"作者夏曾传是杭州人，酱

油煮或是浙江的吃法。南京则是以清水煮熟了蘸精盐吃。从早春炕房开始孵小鸡，街边也就有了卖望鸡蛋的小摊，一只蜂窝煤炉，上面架个大号钢精锅或钢精盆，敞着盖。蛋是已经煮熟了的，小火长煨着，一方面保温，一方面也是防变质。此外便是一只大方凳，几只小板凳，若干小瓷碟。吃客坐下拣蛋，摊主便将一小碟盐放在方凳上；吃客吃罢离座，摊主即将盐碟洗净揩干，以备再用。摊位上虽坐不了几个人，然而铁打的营盘流水的兵，总也不见有空的时刻。

拣蛋只有一法，就是握在手心摇；敲破蛋壳即被认为买定，不得退换。有人边摇边凑到耳边听，其实用不着，凭手感就能判别，完全没有动感的，便是全蛋；稍有晃动感的，是半鸡半蛋；全鸡的震荡会更大一些。全蛋没人要吃；半鸡半蛋与全鸡，则各人所爱不同。半鸡半蛋在似鸡非鸡之间，给人一种朦胧的感受与回味。全鸡往往毛、爪俱生，甚且鸡骨渐硬；但有人就爱这种野性大嚼的感觉。

南京人对于望鸡蛋的痴迷，外地人看着往往难以理解。男人的吃相就不说了。大家闺秀、小家碧玉，看到街边上卖望鸡蛋的小摊，也不管人来车往，众目睽睽，便会奋不顾身地坐下去，摇蛋，砸壳，吸汁，吞鸡，连毛带骨，嚼个浆水淋漓。那会挑的人，敲开一个是半鸡半蛋，美滋滋地吃了，再敲开一个又是半鸡半蛋，得意地左顾右盼。恰好旁边一个不开窍的，砸一个是全蛋，再砸一个还是全蛋，这位情不自禁地做上了义务示范，能连吃五六个。餍足之后，才想起淑女风度，赶紧擦净了手，就在小摊边打开坤包，摸出小镜，揩嘴补妆。

我自小喜欢吃望鸡蛋，母亲担心摊上卖的不卫生，总是买了生蛋回家自己煮食，当然生蛋也便宜一些。挑生蛋与熟蛋方法如一，但感觉不同，晃荡太大的，必是全蛋。说来简单，其实全凭经验判断，就跟挑西瓜一样，只可意会，不可言传。

蘸望鸡蛋要用精盐，可当年计划供应给居民的，是一种大粒粗盐，俗称大籽盐，不但粗粝，而且多杂质，烧汤煮菜犹可，炒菜便不易化开，蘸食更不可用。待我上了中学，学过物理化学，相信"物质不灭"，便说服母亲，以大籽盐自制细盐。其法也简单，就是将大籽盐化入水中，澄去杂质，然后以小火熬干水分，渐干时须加以搅拌，免其结块。多年以后，读到朱彝尊《食宪鸿秘》，才知道古人早有此法，名曰"飞盐"："用好盐入滚水泡化，澄去石灰、泥滓，入锅煮干，入馔不苦。"他且强调："盐不鲜洁，纵极烹饪无益也。"

近十余年，一则人们对于养生之道日益精通，一则地球上开始闹腾禽流感，所以望鸡蛋不卫生、易致病的说法甚嚣尘上；再加上政府以市容卫生为"第一要务"，街头望鸡蛋摊遂被"所向无敌"的城管队员驱逐殆尽。取而代之，以满足南京人这一口腹之好的，是"活珠子"，也就是在鸡蛋正常孵化十三天左右，人为中止其生命过程，取为食材。因为六合的养殖场在二十世纪末抢先注册，活珠子便与猪头肉、盆牛脯等一样，成了六合的名特产，不但有取代茶叶蛋在南京小吃中的位置之势，而且登堂入室，成了宴会酒席上的一个新亮点。

活珠子能上酒宴，一个重要的因素，是它概为半鸡半蛋，不至于让同桌食客生厚此薄彼之感。须知中国是个对等级差异特别敏感的社会，人权平等咱不奢望，但同桌为客，待遇有差，往往会被视为奇耻大辱。一桌人文质彬彬地各吃一蛋，也就与吃别的份菜没有什么不同；然而无须挑选，没有期盼，不能炫耀，毫无野趣，闲坐街头吃望鸡蛋的愉悦，还能剩下几分？

民间自然的东西，一旦被规范化，便渐失生命力。上至乐府诗词，中至地方戏曲，下至风味小吃，无不如此。

望鸡蛋的名声之盛，主要还是在江南一带吧。可它的同胞姊妹行，茶叶蛋，却曾名震全国，甚至影响到中南海的决策。那是二十世纪八十年代中期，"臭老九"们的尾巴渐渐翘起，已不满足于"脱帽加冕"的社会地位提高，开始计较到物质待遇，因为农民和个体户成为市场经济的最早受益者，遂造出谣言，道是"搞原子弹的，不如卖茶叶蛋的"。

卖茶叶蛋的，亦如卖望鸡蛋的，只须守株待兔似的在街头摆一个小摊，没有任何技术含量，更遑论发明创造，其收入竟高过造原子弹的尖端科学家，如此强烈的反差，是很有杀伤力的。中央政府不得不将提高知识分子待遇问题摆上议事日程。

茶叶蛋，或称五香茶叶蛋、五香蛋，其历史堪称悠久。明中期宋诩《宋氏养生部》中就写到茶叶蛋的做法："用卵微烹击裂,酱油、盐、茶清同在罂,糠火烧透,留经数月。"茶叶蛋煮好了,可以保存数月不变质。《随园食单》中也专列出"茶叶蛋"一条:"鸡蛋百个,用盐一两;粗茶叶煮,两枝线香为度。如蛋五十个,只用五钱盐,照数加减。可作点心。"《随园食单补证》则指出:"蛋壳俟初熟时取出,四面打碎,味方入。两枝香必不能透。盖此物愈煮愈妙,不嫌其过老也。"其实袁枚也知道,"凡蛋一煮而老,一千煮而反嫩"。茶叶充任做菜配料,可能就是以茶叶蛋为最早。陈作霖《金陵物产风土志》中说,南京人用"茶煮鸡子,以充晨餐,谓之元宝弹",还特别指出,民间写成"元宝蛋"是不对的。蛋是本名,弹是比喻,例同流行了半个世纪的"糖衣炮弹"。也有不放茶叶的五香蛋,如清初朱彝尊《食宪鸿秘》中记载的"酱煨蛋":"鸡、鸭蛋煮六分熟,用箸击壳细碎,甜酱掺水,桂皮、川椒、茴香、葱白一齐下锅煮半个时辰,浇烧酒一杯。"类似煮蛋之法,配料大同小异,名称各别,而无论放不放茶叶,煮出的蛋多呈茶褐色。

茶叶蛋曾是夫子庙魁光阁的名小吃,后来因官方执意推行"秦淮八绝",一二十道点心让人吃不消,茶叶蛋各地皆有,就更不讨喜,有的店家遂以鹌鹑蛋替代鸡蛋。鹌鹑蛋是二十世纪八十年代中期兴起的美食,初时传说一个鹌鹑蛋的营养超过两个鸡蛋,故而价格奇高,一小盒鹌鹑蛋曾是年节珍贵礼品。

南京旧有俗话："宁吃天上四两，不吃地上半斤。"这里所说的四两，是十六两制，合新秤二两五。依此比例，一个鹌鹑蛋岂不是正合两个鸡蛋！数年之后，神话破灭，鹌鹑蛋价回归，论斤与鸡蛋持平，论个就远不及鸡蛋了。鹌鹑是一种悲剧性的鸟儿，生性合群，听到同类的声音就会飞去相聚；捕鸟者常以善叫的鹌鹑为媒，诱其入网，往往一网之中，雌鸟、雄鸟与幼鸟皆被捕捉，几同族灭。淮扬菜系的名菜"三套鸭"，就是鸭肚里套着鸽子，鸽肚里套着鹌鹑。此菜在二十世纪八十年代曾经风靡一时，正顺应了刚从饥馑中挣扎出来的国人唯恐不饱的心态。

鸡蛋的替代品中，称得上奢华的是鸽蛋。《红楼梦》中，凤姐以鸽蛋戏弄刘姥姥，说是一两银子一个，或未免夸张。但鸽蛋价格昂贵则是事实，所以古代就有人以假充真。清人《随园食单补证》中专门介绍鸽蛋的鉴别与造假："鸽蛋是质最清，必视其色晶莹带微碧者为真，若呆白者即为鸟雀蛋。卖给者往往作伪，不可不辨。试法：以水一碗，收蛋其中，浮者非鸽蛋也。又有庖人以鸽蛋壳为模，用绿豆粉裹鸡蛋黄套之，煮熟者可以乱真。"近年传说市场上有人造假鸡蛋销售，还有专家在电视节目中论证，以古鉴今，似不可不信。

回过头来说望鸡蛋。当望鸡蛋从南京街头消失之际，我在甪直古镇上，却多次看到卖望鹅蛋的店家，不禁食指大动。然而，望着那样的庞然大物，想象着壳里小鹅的情状，又不觉生畏，终于没敢领教。比鹅蛋更大的，是鸵鸟蛋，我只见过，没尝过。

此外还有一种"龙蛋"，见于清人顾仲《养小录》："鸡子数十个，一处打搅极匀，装入猪尿脬内，扎紧。用绳缒入井内。隔宿取出，煮熟，剥净，黄白各自凝聚，混成一大蛋，大盘托出，供客一笑。"这法子我没有试过——想来也不会有人去试，都是当笑话看了。不料偶然读到一九八三年四月号港版《读者文摘》，在《各地珍闻》栏有这样的报道："丹麦一家公司发明了一部制造'长蛋'的机器。把几千枚刚生下来的鸡蛋打破，把蛋白跟蛋黄分开，分别倒进二十厘米长的管里，煮熟以后成了一个柱体，可以切成一片一片的鸡蛋，中间是蛋黄，外边是蛋白。冷藏起来，半年也不会坏。这家丹麦工厂现在每天大约能制造成十万枚'长蛋'。"丹麦人如果读到《养小录》，大约一定会自愧，因为这项"发明"早就被中国人发明过了；而顾仲先生的同胞看到这则报道，则也不免自愧，因为缺乏丹麦人这种将发明转化为产业的能力。

大萝卜

说南京食品，不能不说到大萝卜。

"南京大萝卜"既然被公认为南京人的谑称，喻体之先，当有本体，也就是作为蔬菜的萝卜。《南京方言词典》释"大萝卜"："外地人戏称南京人或南京人自嘲的戏称，含有性格粗、憨、傻的意思，常说成'南京大萝卜'，其来历有多说，可能与南京盛产多种萝卜有关。"

南京盛产萝卜是事实，但萝卜并不能说是南京的特产。一九九一年江苏科技出版社出版的《南京蔬菜品种志》，开篇即说萝卜，"萝卜是南京周年供应的大宗蔬菜品种，种植历史悠久，市郊均有栽培"，其年产量占南京蔬菜总产量的十分之一强；但书中列举的二十多个萝卜品种，多数引种自苏北、安徽、山东、北京、广东等南北各地。实则萝卜的适应能力极强，是中国分布最广泛的蔬菜之一，北至黑龙江畔，南至西沙群岛，西至喜马拉雅山中段，东至沿海诸岛，都有种植；其历史至少可以上溯到《诗经》时代，《国风·谷风》中"采葑采菲"的"菲"，学界多认为就是萝卜。

即论萝卜之大，也轮不到南京。南宋郑樵《通志·昆虫草木略》记载："俗呼萝卜，镇州者一根可重十六斤。"明初金幼孜《北征录》载："交河北有沙萝卜，根长二尺许长。"晚清夏曾传《随园食单补证》载："山西洪洞县出大萝卜，一牛车只载两枚。"南京萝卜，长到二尺来长的，我没有亲见过，或许会有吧；至于重达十几斤的，就连相关记载都不曾有。

古人就懂得萝卜的品质与土壤有关，"大抵生沙壤者，脆而甘；生瘠地者，坚而辣"。南京近郊多沙土，宜其种得好萝卜。南京萝卜确也屡得赞誉。宋陶穀《清异录》中记载，南唐时侨居南京的钟谟"嗜菠薐菜，文其名为雨花菜。又以蒌蒿、芦菔、菠薐为'三无比'"。菠薐菜就是菠菜，芦菔是萝卜的古称，蒌蒿今称芦蒿。元张铉《至正金陵新志》举南京物产，亦有萝卜，且注明"出溧水州"。明代万历年间顾起元《客座赘语》中说："蔬茹之美者，旧称'板桥萝卜善桥葱'，然人颇不贵。惟水芹之出春初，蕹菜之出夏半，茭白之出秋中，白菜之出冬初，为尤美。白菜盐菹之可度岁，周颙之所谓秋末晚菘者，即此物也。"

溧水是南京东南郊县，板桥位于溧水县西北，邻近雨花台，可见南京南郊的广大地块，都宜于萝卜种植。"板桥萝卜善桥葱"的俗谚，在明中期已经成为"旧称"，可见其出现当更早；大约就因习以为常，熟视无睹，所以实有佳处的板桥萝卜，已经不为人所重。倒是白菜，一经名人品题，从此流传千古——或者这也是"南京大萝卜"的蕴意所在。

清代初年，南京著名的萝卜产地，又从雨花台西南的板桥，东移到了雨花台东南的窨子山，时有民谣："安德门的竹子，凤台门的花，窨子山的萝卜，朝阳门的瓜。"安德门是南京明代外郭城门，附近的雨花台，至今仍广植毛竹；凤台门也是南京外郭城门，附近即鲜花产地花神庙；朝阳门是南京都城东门，民国年间易名中山门，门外便是马陵瓜、卫瓜的产地；窨子山萝卜既与它们齐名，可见非同一般。窨子山只是一个小小山包，后经考古发现为新石器时期遗址。

及至晚清，陈作霖笔下，"板桥萝卜善桥葱"已经被认为"虚有其名"。但他同样说到南京的良种萝卜，只是产地又转到了雨花台北面的凤凰台下，"萝卜色间白红，其甘媚舌，不羡肥醲"。萝卜之味美，比肉还诱人。龚乃保《冶城蔬谱》中也大赞萝卜："吾乡产者，皮色鲜红，冬初硕大坚实，一颗重七八两；质粉而味甜，远胜薯蓣。窖至来春，磕碎拌以糖醋，秋梨无其爽脆也。赵松雪诗：'辣玉甜冰常馔足，不知世有乳蒸豚。'辣玉谓芦菔，甜冰谓蔓青也。"民国年间，张通之在《白门食谱》中，则做了平实的介绍："板桥所产萝卜，皮色鲜红，肉实而味甜，与他处皮白而心不实者，绝不类似，无论煮食或煨汤，皆易烂，而味甜如栗。肉生食切丝，以盐拌片刻，去汁，以麻油糖醋拌食，或加海蜇丝，其味亦佳，且能化痰而清肠胃也。"可见南京良种萝卜产地非止一处，虽声誉此起彼伏，板桥萝卜并未因被人忽视而衰落。

有趣的是，一千年间见于记载的，皆是说南京萝卜好，没人说南京萝卜大。龚乃保甚至明确地说南京萝卜"一颗重七八两"，旧制一斤十六两，一颗不过半斤来重，何大之有。

当然也并非没有人说到南京大萝卜，不过只是"小说家言"。《红楼梦》第一百〇一回，贾琏回凤姐道："是了，知道了。'大萝卜还用屎浇'？"人民文学出版社启功注释本注道："种大萝卜不需要大粪浇灌。这里是一句诙谐的成语。'浇'谐音'教'，意思是：高明的人哪里还用得着愚拙的人来教导？"

细品味贾琏此语意，是说聪明人无须多点拨；"一点即通"，反映出他的自以为是，自作聪明。这可与人们通常所议论的"南京大萝卜"大异其趣。

无论是不是南京人，对于"南京大萝卜"的理解，总认为是谑而不虐，其褒意在憨厚多诚朴，而贬义在朴讷少机变，遇事大大咧咧，蛮不在乎，即如现今仍流行的口头禅"多大事啊"。似乎南京人真像吴敬梓《儒林外史》中所说的"菜佣酒保都有六朝烟水气"。

贾琏此语，能不能说是"南京大萝卜"的另一面呢？

若说"南京大萝卜"不止于一面，似亦非无稽之谈。

明人顾起元《客座赘语》中，说到南京"一城之内，民生其间，风尚顿异"，城东一带"其小人多尴尬而傲僻"，城西一带"其小人多攫攫而浮兢",城南一带"其小人多嬉靡而淫惰",城中一带"其小人多拘狃而㤞瘵",城北一带"其小人多悴㤉而蹇陋"。不同的经济文化环境,养成了不同的民俗风尚和人物性格。

陈作霖《凤麓小志》中,说到云锦织工的强悍:"织机之工,素有膂力,而性多椎鲁,俗呼为机包子。"据说这雅号是蒙康熙皇帝所赐:"圣祖南巡,驻跸织造署,见众机匠赴工,盘辫发,著短裤,气象纠纠,问为谁,左右曰机匠,圣祖笑曰此呆机包子也。""呆机包子",或可谓与"大萝卜"异曲同工。然而正是这些机匠,在太平天国盘踞南京期间,奋起反抗,谋为清军做内应,不惜杀身成仁。

清末公奴《金陵卖书记》中,描写南京人如何对待当时的科举考生:"金陵之土著,谑之曰'考呆子',故明则尊之,暗则朘削刻剥靡不至。以购物言,秤则轻矣,尺则缩矣,银元则赝矣,铜钱则掺杂矣,算则故误矣,明知考呆子之不能辨也。""算则故误",即旧时南京俗话所言"呆进不呆出"。按公奴此文,本意并非指斥奸商,而在讥讽这些应试士子,执迷科举终身不悟,南京俗语道"读书读呆掉了",既缺乏生活经验又爱摆大老倌派头,在市井交易中常受欺骗而不自知。但恰恰反映出南京商人的种种作为,正合了贾琏口中那种"大萝卜"。

破解"南京大萝卜"的公案,非此书之本旨。言归正传说萝卜，我小时候，家境困难，最常吃的水果就是青萝卜。记得有一种青萝卜心色紫红，人称"心里美"，尤甜脆可口。俗话说"萝卜赛似梨"，绝非夸张。冬天买回青萝卜，常有头上生出黄芽的，母亲切头时留下一厘米左右，放在小碟里，略加些净水，就成了案头清供，不久会生出绿叶，有时还能开花，成为厨房里的一缕春色。至于萝卜做菜，那更是一年四季不断，无论白煮、红烧、糖醋、酸辣，皆成好口味。就连萝卜缨子，母亲也不舍得丢弃，或拌或炒，都是一碗菜。近年萝卜缨忽成时髦，酒宴前的开胃冷盘，必有一盘凉拌萝卜缨，据说是专门用萝卜子培育，只长到二三寸长，佳名"娃娃菜"。

生萝卜能开胃，我也是后来才明白其中道理。小时候只听大人讲，生萝卜不宜多吃，因其"刮油水"，当年人肚里原本就缺油水，岂能再让萝卜给刮掉了。实则是生萝卜含有淀粉酶，能加速食物的消化和吸收，所以有俗语"穷不吃萝卜，富不吃豆腐"。又有养生哲言道"上床萝卜下床姜"，睡前吃生萝卜可以消食，有利睡眠；早晨吃生姜可以开胃。

淀粉酶经高温即会分解，所以萝卜煮熟可以充饥。在农村插队时，农民的孩子都晓得，偷拔了人家菜地里的萝卜，要生野火烧熟了吃才当饱。由此不禁想到《阿Q正传》里写阿Q饿极，跳墙到尼庵菜地里偷得三个老萝卜，"一路走一路吃"，虽属饥不择食，但必然越吃肚里越潮得慌。学医出身的鲁迅先生，在这里不免疏忽了。

　　旧时南京街头，有一种萝卜丝饼，俗话就叫萝卜丝端子。其法用小铁端子，先放一层稀面，加入萝卜丝，再盖一层稀面，放在油锅里炸熟，闻着香，吃着脆，也是很让人流口水的小吃。而南京人最常见的早饭小菜，则是萝卜响，腌得极咸，一碗饭吃不了一小块。母亲有时将萝卜响浸泡后切片，加葱花爆炒，口味就好得多了。新街口西北角的工人游泳池，冬天空下来，就被用于腌萝卜干。工人们穿着长筒雨靴在萝卜上面走动，用大铁锹翻搅萝卜，看起来十分壮观。

　　工人游泳池被拆除也三十多年了，那地方，现在是金陵饭店。

吃饱了欲望也就少了

邹科 一探

清
嘉
录

━━━━━━━━━━ 年声·年色 ━━━━━━━━━━

　　过年风俗的意蕴，实在是成年后才慢慢领略的。

　　儿时的巴望过年，其实是出于一种懵懂中的被煽惑；真到了过年，规矩太多，大受拘束，也说不上有多么愉快。一年到头才做上一件新衣服，母亲时时叮嘱，生怕弄脏弄破了；不能随便开口，唯恐岔出什么不吉利的话来，败了一年的好兆头。客人来了，须装模作样地讲大人话；外出拜年就更不用说，一举一动都是家中调教好了的。吃饭也有许多讲究，看着一桌鱼肉蛋菜不能乱动筷子，要跟着大人说"年饱"，实则眼饱肚中饥，只好见缝插针地去摸点零食。所以到了闹"文化大革命"，写大字报刷大标语，动辄勒令年长的"牛鬼蛇神"们"只许规规矩矩，不许乱说乱动"，潜意识中，恐怕是隐含着一种报复的快意。

　　下乡插队，离家虽不过一百多公里，然而咫尺天涯，能巴望的只有一年一度的团聚。可为了表现"接受贫下中农再教育"的意志坚定，响应号召留在农村过"革命化的春节"，曾几年没有回家。一个人孤零零地枯守异乡，独对贫困，回想起环绕在父母膝前的日子，那是何等的幸福！普希金说，过去了

151

的苦难会变成幸福的回忆，其实过去了的欢悦，往往也是在回忆中才体会的。八年之后返城，父母垂垂老矣。此后自己也做了父亲。兄弟姊妹各自成家，难得相聚，这时才渐渐明白，为什么过年需要那么庄严的仪式感。

现今过年的仪式，似乎是从放鞭炮开始的。"爆竹声中一岁除，春风送暖入屠苏。千门万户瞳瞳日，总把新桃换旧符。"王安石的这首《元日》，抓住了春节最重要的风俗特征，区区二十八个字，就让浓郁的春节气氛跃然纸上，有景，有情，有意境，有哲理。然而，鞭炮偏又成了最令人纠结的年俗；为着鞭炮的准放与禁放，政策已经变动几番，争论更是持续数年。而今雾霾压华夏，鞭炮也经专家们论证，成了罪魁祸首之一。我已多年不放鞭炮，但仍坚持认为，官家的鞭炮应禁，商家的鞭炮可禁，平民百姓则该有过年放鞭炮的权利。

退回三十年前，鞭炮不过是来去匆匆的过客。持久而漫长、一声声唤醒了年的意识的，其实是舂米声。

过年期间不可或缺的美食，年糕和元宵，皆是糯米粉所制，所以家家户户都要把糯米淘净，泡酥，拿到舂房去舂成米粉。直到二十世纪八十年代，南京的老街旧巷中，还不乏这样的舂房。沉重的踏舂，不用的时候，舂杵落在臼窝里，踏脚高高扬起，有点像漫画上倒栽葱的飞机。舂米时须两个人踏起舂杵，再让它落回盛着糯米的石臼中去，响动很大，有如劳作者胸腔中挤压而出的"吭吭"声，一条街都能听到；临近春节的几天，简直通宵达旦，人们也没有怨言，把它当成了迎年的伴奏。除夕的傍晚，这延续十多天的声音突然消失，街面上一时静得让人心里发空。一年的艰辛劳作真的结束了吗？围坐在团年饭桌边的人们，心里纠结的，多还是旧年的印迹。直到午夜，鞭炮来接班，细碎热烈跳跃，如同无忧无虑孩童的嬉闹，引逗出漫天的轻松欢快。人们似乎也才相信，新年，真的来了。

春房一般设在老式建筑的临街一进，面积都不大。主妇们把盛着酥好糯米的盆或桶放在地上排队，人就只能站在街边闲话。待到舂自己的那一份时，才挨到门边张望着，怕的是被人挖了米去。舂之前要称一称米的重量，计重收费，每斤三五分钱；舂好后照例不再称重，否则有不尊重舂米人的意思。都是因为那年月粮食紧张，才会有这些穷计较。舂米粉时的另一种计较，是揣摸别人家糯米中掺加粳米的比例。名义上拿去舂的都是糯米，其实多多少少掺了粳米，一则因为当时粮食供应计划中，糯米量极少，二则糯米价格也较贵。糯米的形状比粳米短而圆，一望可知，这就生出话题来了：某家的粳米掺到一半左右，未免有"吃不起"之嫌；某家居然是纯糯米，这就不但是有钱，而且要"有关系"，才能买到足够的糯米。"比上不足，比下有余"的主妇，耳边响着的舂米声，似乎也多了些韵律。

春好的米粉湿漉漉的，必须及时摊开晾干，否则放不到元宵节，就有变酸的危险。大太阳晒是不行的，因为会加速米粉发酵；风口吹也是不行的，因为米粉会被风刮走。老派人家，总是备着一张篾丝编的大匾，用来摊晾米粉，也可以摆放搓好的元宵。两张长条凳架起大篾匾，晾开一派玉白，考究的主妇，匾上还要蒙一块细纱布，以免尘灰落进米粉里。匾里照例放着一双竹筷，大人不时会掀开纱布，画圈儿搅一搅。待过完小年，洗净了的大匾便又挂到了墙上。篾匾用的时候少，挂的时间多，取下来之际，粉墙上会露出格外白净的一个圆，仿佛在早早地预示着十五的圆满。

旧时江浙一带，都是以米粉自制年糕。清人张春华《沪城岁事衢歌》有道："家家抟粉制年糕，仿款苏台岁逐高。入肆恍如秋八月，桂花香细染寒袍。"后有小注："抟粉入饴，捶之使坚，为年糕。其形方长不一，有红、白二种，制法同吴门。八月桂花盛开，采而藏之，冬时缀于糕，色如鲜桂，芬芳四溢，过糕肆者，犹香袭衣袖。""捶之使坚"，是做年糕的关键，所以民间俗称"打年糕"。吴门的制法，清人顾禄《清嘉录》中说得较清楚："黍粉和糖为糕，曰年糕，有黄、白之别。大径尺而形方，俗称方头糕；为元宝式者，曰糕元宝。黄白磊砢，俱以备年夜祀神、岁朝供先及馈贻亲朋之需。其赏赉仆婢者，则形狭而长，俗称条头糕。稍阔者曰条半糕。富家或雇糕工至家，磨粉自蒸。若就简之家，皆买诸市。春前一二十日，糕肆门市如云。"到二十世纪中叶，南京已很少有人家自制年糕。如今只有在一些旅游景点，尚有机会观赏品尝打年糕了。

店里卖的年糕，主要是"形狭而长"的条头糕，时称水磨年糕；另有糖年糕和猪油年糕，虽属方形，但只有两寸对方。大约因为已不必祀神供祖，而只须"赏赉仆婢"。水磨年糕可以切片入汤煮熟，糖拌了吃，也可以与肉丝或青菜炒来吃。糖年糕和猪油年糕则须油煎来吃。糖年糕易煎糊，又费油，所以猪油年糕特别受欢迎。其实也不一定非得做成年糕，米粉调上水就可以煎成黄亮亮的粑粑，没出锅就已甜香满屋。

所以年前舂出的米粉，主要是为包元宵准备的。旧时初八上灯，就开始煮元宵吃了。二十世纪五十年代起，糯米限售日益严格，最艰难的几年，南京人只能在正月初一早晨吃一回米粉粑粑或年糕，十五早晨吃一顿元宵。据说晚清光绪年间，江宁财帛司供神，以棉絮制成元宵形，盛在纸盆中，足以乱真。可惜平民百姓没有这份仙风道骨，于是包元宵也就成了一项近乎隆重的仪式。

仪式从正月十四下午开始。先做馅。最简单的馅料是糖，白绵糖为佳，白砂糖次之，红糖的口味就差了。然而在一个"相当长的历史阶段"中，糖更是计划供应物资，品种无法选择，数量也很有限，所以纯糖馅是不可想象的奢侈，必得以米粉和糖掺合起来做馅，把握糖与米粉的比例便成为一种技巧。倘若能加入一点猪油，就是锦上添花了，吃元宵的时候，大人便会不无自豪地一再提醒孩子，小心别让热猪油烫了舌头。父亲总是不满足于糖馅的单一，便用芝麻、花生炒熟碾细了做馅料，再加上豆沙馅，居然也就成了"四色"。豆沙同样是自家熬制的。粮站里买来的红豆，坏豆子总是拣不净；拣出的多了，母亲舍不得，便又挑些回去。其实下水一泡就看得很清楚，浮在水面上的，都是被虫吃空了的，里面往往留有虫屎，煮出来一股坏味。有一年，父亲突发奇想，将配给的浇切片留下一些，碾碎了做元宵馅，浇切片中有糖有芝麻，又香又甜，果然成为美食。

晚饭以后，将吃饭的大方桌擦净晾干，父亲就开始大显身手。我们家一直是母亲做大厨，父亲几乎没有掌过勺。但轮到做馒头或包元宵，一定是父亲动手。父亲也常以能做南北两方的白案为自豪。做馒头讲究的是发酵、加碱的分寸和揉面的劲道，包元宵的技术要求就更高。和米粉的水温要适当，高不成低不就；水一定要少放细添，看着干硬的米粉团，一揉搓就能挤出水来；粉团要揉匀，否则下锅就散；馅料要压实，否则空气一膨胀准破……父亲一边做元宵，一边说起旧时掌故，老人喜欢在元宵中包进一枚铜钱，吃到的人准保一年顺利，大户人家甚至有包小金豆子的。我考高中那年，父亲悄悄在元宵中包进一枚贰分硬币，恰被我吃到，果然顺利地考进了金陵中学。

早年南京人吃元宵不必待过年，街头巷尾常年有元宵担子，一头是炉火，炭火炉上架一只高深的紫铜锅釜；一头是竹或木橱架，橱屉上层装生元宵，下层备着洗碗的净水与盆，橱

156

面上倒扣着干净碗匙，覆以白布。有固定地点设摊的，还会摆出几副简易桌凳。也有走街串巷叫卖的，只要有人召唤，随时可以停在街边煮上一碗。煮元宵也有讲究，"盖锅煮皮子，开锅煮馅子"，所以街头的元宵担子，好像一直就开着锅。

南京人口中的元宵，原是包括了无馅与有馅的两种。统称元宵的缘故，有传说，道是民国初年，袁世凯篡权复辟，以元宵与"袁消"谐音，禁人呼叫，就跟有些年忌用"镇扬"，镇江与扬州之间的长江大桥必须叫"润扬"一样。南京人不信邪，偏偏口口声声叫"元宵"，果然不久袁氏就灰飞烟灭了。这当然是政治笑话。元宵之名甚古，宋人笔下就有"元宵煮食浮圆子"习俗的记录，后乃随节名而呼之，就像端午粽、重阳糕一样。直到二十世纪八十年代末宁波汤团店开到南京，九十年代赖汤圆风行一时，才渐渐有所区分，将实心无馅的小丸子叫元宵，如"桂花酒酿元宵"；有馅的改叫汤团或汤圆，如"四喜汤团""双色汤圆"。

南京是个南北杂居之地，元宵节也要吃面条，有俗语"上灯元宵落灯面"，上灯吃元宵，落灯吃面条。在南京方言中，"灯"与"顿"音近，听起来便成了"上顿元宵落顿面"，有衣食丰足的寓意。同时，落灯后，归家团圆的家人、年节相聚的友人，也都将散去，"敲锣卖糖，各干各行"，吃顿长长的面条，寄予"长（常）来长（常）往"的期盼。

人生聚散无常，所以过年的团聚就格外为人所重。古代饮屠苏酒的年俗，转化成除夕夜的团圆饭，又称团年饭、合家欢。《红楼梦》第五十三回写贾府除夕聚饮，"摆上合欢宴来，男东女西归坐，献屠苏酒、合欢汤、吉祥果、如意糕。贾母起身，进内间更衣，众人方各散出"。以贾府这样的钟鸣鼎食之家，这合欢宴实在算不得丰盛，有趣的是各样酒食都有个吉利名号，可见其重点在仪式而非饮食。只有平时食不果腹的人家，才会拿过年能吃到点什么，当成件大事去讲究。当然了，惠而不费的吉利口彩，同样也是为平民百姓所欢迎的。南京人确实喜欢这一套，守岁时玩的游戏叫状元筹，吃的炒米团叫欢喜团；除夕夜要取红枣、福建莲子、荸荠、天生野菱同煮食，就为凑出个响亮的名字"洪福齐天"；又以压岁盘盛橘子、荔枝等水果，放在小儿枕畔，初一清晨，小儿睡醒看见，叫出果名，便成吉利之兆。

年夜饭的菜肴，多用果点冷盘，以便于饮酒，或八样或十二样或十六样，必取双数；桌中置火锅，既有围桌取暖之利，又可以随意烫食菜肴，俗称暖锅。而无论菜肴摆几样，有两样是万万不可少的。一样是一条整鲢鱼，以为"年年有余"之吉兆，从上桌到终席，谁都不许动筷子；另一样则可以尽量吃，便是什锦菜。

什锦菜，实即炒蔬菜，讲究的是将最平常不过的蔬菜，炒出一盆花团锦簇的美食来。

三十年前，冬令的蔬菜供不应求，精明的主妇今天藏下半截香藕，明天攒下两根萝卜，到除夕怎么也得凑个十几样才行。红红火火的胡萝卜，橙黄的酱姜瓜，老黄的金针菜，淡黄的土豆，青黄的腌菜心，紫包菜，翠芹菜，碧芫荽，黑木耳，白藕片，玉色的慈菇和春笋，米色的粉丝和面筋……黄豆芽是不可少的，以其形似如意，美其名为如意菜；干马齿苋称安乐菜；菠菜也是不可少的，它除了绿叶，还有一个红头。南京人不善吃辣，更艳的红辣椒只能做点缀。豆类是个大家族，千张、豆腐果、五香干，全都要细细地切成丝或丁，是蔬菜中最有咬嚼的内容。黄豆也可以入菜，如果能加几粒花生米，就是奢侈了。

名色菜蔬搭配得当，还须刀工细巧，有色有型，才能清新悦目。

炒蔬菜的量相当大，整个年节期间，菜市场不开门，鱼肉鸡鸭又有限，主要靠炒蔬菜支撑饭桌，所以家家都要炒出十来斤。这么多蔬菜，分成几锅，依次炒熟；哪几种配一锅，每种菜下锅的次序，起锅的火候，就都是学问。弄不好有的菜还生着，有的已经烂烀了。都炒好后，再拌到一起，淋上点麻油，那个香！每顿饭搛出一盘来，都能让家人吃得有滋有味。

一年一度的炒蔬菜，也成了主妇们的厨艺大比拼。左邻右舍，拜年串门的女人，都会挑人家点蔬菜吃，嘴上当然要夸几句，心里一杆秤可是不含糊。待年过完了，还会悄悄地议论着；来年炒蔬菜前，该上谁家讨教，绝不会走错门。

回想那年月，孩子的新衣也少有色彩的变化。年的五彩缤纷，就落在主妇们精心炒制的什锦菜中了。

春来野蔬发满城

六十年前，逢春天，听妈妈和邻居说买菜，母鸡头、狗鸡头、马浪头……又是鸡头又是狗头的，很让人期盼；不料中午端上桌的，仍是几样绿叶菜。待与妈妈理论，才知道大人说的其实是苜蓿头、枸杞头、马兰头，南京人常吃的野菜而已。"头"，指茎叶的嫩尖。类似的"头头脑脑"，还有豌豆头、香椿头、菊花脑，此外荠菜、野苋、韭黄、白芹、芦蒿、春笋、蘑菇、雷菌……掰起手指头数不清。而且，人们爱吃野菜，既非出于充饥果腹之需，也非贪图滋阴补阳之用，就是为品尝那春天的气息、山野的滋味。有心人还编出了"春八鲜"和"野蔬鲜"的不同名目。

说来也怪，爱吃野菜的，并不只有南京人。我曾问过苏州的朋友，南京人爱吃的"头头脑脑"，苏州人也都爱吃，且多至"十六头"。读清代康熙年间嘉兴人顾仲所著《养小录》，其《餐芳谱》一节中说，"凡诸花及苗、叶、根与诸野菜药草，佳品甚繁"，都可以作为好食材。他所列出的花草野菜达七十余种，南京人所爱吃的枸杞头、野苋、蒌蒿、地耳（地皮

菜）、马齿苋、马兰头、蚕豆苗等都在内。而明初封于河南的
周定王朱橚编《救荒本草》，收录了四百多种野菜，除了几种
水生植物，南京所见野菜亦多在其中；此书到晚明被歙县人鲍
山改编成《野菜博录》，仅略有增补，可见这份名单同样为皖
人所认可。泛言之，皖南江浙一带，至今皆同此风。然而就与
"南京大萝卜"一样，爱吃野菜也成了南京一绝。

其缘故，好像没见人探讨过。我揣想很可能是因为，各
地都有自己的特色菜肴，甚至成为名重全国的"菜系"；即
如苏州，为人津津乐道的美食不要太多，怎么也数不到野菜
上。偏是南京，五方杂处，兼容并蓄，浙江、四川、广东、
湖南、上海，以至苏州、扬州、淮安、徐州的名菜，在南京
都能有一席之地，可是论到南京本地的特色菜，则告阙如；
近年来政府、民间一再倡扬"金陵菜""民国菜"，都是不
久即偃旗息鼓。能够给人留下印象的，便只有野菜、茶点、
盐水鸭了。其实早春时节，南京人所爱吃的时鲜蔬菜，并不
都属于野菜。韭黄、白芹是专门培育的，春笋、香椿头是种
植毛竹与椿树的副产品，枸杞、菊花脑、荬儿菜都可人工栽
培，豌豆、蚕豆也大片种植，其目的在收豆而非吃苗。苜蓿
则属牧草，原本是种来喂马的，南京东郊的黄马、青马、苜
蓿园等地，早先都是马场。

常有北方人表示惊讶：南京人，草都吃！这可就有些冤枉
南京人了。南京人爱吃的这些"草"，多曾是中原人的美食。

光绪年间龚乃保作《冶城蔬谱》，就很在意这因缘。如介绍枸杞："《尔雅》作枸檵。《诗》'集于苞杞'，'言采其杞'，'隰有杞桋'。严粲《诗缉》：皆指枸杞。"蒌蒿："《尔雅》：蒌蒿也。《诗》'原刈其蒌'。"蒌蒿今称芦蒿。苋："苋，陆玑；玑始见于《易·传》，以为马齿苋。据《学斋占毕》董遇注，则为人苋，即今之种于蔬圃者。"茭白："《说文》：蒋，菰也。《汇苑》：蒋又名茭白。"荼："《诗》'其甘如荼'。蔬之见于《诗》者，杞、笋、蒌、芹外，此为最著。"茭儿菜："生洲渚中。《尔雅》谓如芹菜可食，然洲渚之民，无有连叶卖者，惟剥其外裹之叶，取嫩心可二三寸，沿街唤卖。粗如小指，肥白若不胜齿牙。"所以常有人误将茭儿菜与茭白混为一物。又如雷菌，明中期侨寓金陵的潘之恒作《广菌谱》，说"雷菌出广西横州，雷过即生"。龚氏笑曰："吾乡处处有之，不必粤西也。小者轮廓未展，圆如龙眼。雨后行山麓坡陀间，俯拾即是。质嫩而味鲜，春蔬中之翘楚也。"

《诗经·谷风》中的"采葑采菲"，菲即萝卜，不多说了；葑便是南京人口中的大头芥，学名蔓青。汉张衡《南都赋》即有言："春卵夏笋，秋韭冬菁。"南宋郑樵《通志·昆虫草木略》中解释："芜菁，亦作蔓菁，塞北名九英。此菜多生边塞，一名须，一名蘋芜，一名葑苁，见《尔雅》。春食苗，夏食心，秋食茎，冬食根，菜之最益人者，惟此尔，多种

162

可以备饥岁。昔诸葛孔明所止，辄令兵士种蔓菁，云取其才出则可生啖，一也；叶舒可煮食，二也；留居则随以滋长，三也；弃不令惜，四也；回则易寻而采之，五也；冬有根可斸而食，六也。"所以四川人称其为诸葛菜。南京清凉山下的驻马坡，是纪念诸葛亮的六朝胜迹，直到晚清，驻马坡前仍遍种大头菜，令人睹物而思情。晚清南京方志学家陈作霖有《减字木兰花》词咏诸葛菜："将星落后，留得大名垂宇宙。老圃春深，传出英雄尽瘁心。浓青浅翠，驻马坡前无隙地。此味能知，臣本江南一布衣。"

南京人爱吃野菜，是因为野菜易得，其缘故，也是陈作霖说到了点子上。一则因为明初定都，这座都城依山伴水而建。说山，所谓"钟山龙蟠，石头虎踞"，紫金山龙蟠城东，其余脉富贵山、覆舟山、鸡笼山、北极阁、鼓楼岗，绵延入城；清凉山虎踞城西，其北支马鞍山、四望山，东支五台山、小仓山，南支盋山，俱在城内。而城南尚有雨花台、菊花台，城北尚有幕府山。说水，长江、外秦淮河、玄武湖、莫愁湖、月牙湖、前湖等环绕城外，十里秦淮支流蔓生，遍及城南，金川河贯穿城北，青溪曲折城东，池塘泉井不计其数。《凤麓小志》中据此解说城中蔬圃繁盛的原因："盖其地高而不患潦，其塘多而不虞旱，其人朴而习于劳，其居复近市而易于获利，故虽四时作苦，终日泥涂，然抱瓮余闲，趁墟早散，偶徜徉于茶酒社中，所谓江南卖菜佣，亦有六朝烟水气也。"二则在城墙之内，空旷地甚多，野菜随处可见，随手可得，相沿日久，遂成风俗。尤其是太平天国战乱之后，城南的诸多旧时宅园，皆成废墟。《金陵物产风土志》说："城中西北五台山、乾河沿一带，皆有稻田、蔬圃。而蔬圃之衍沃者，则在城南：旧王府，明太祖潜邸也；东花园、万竹园，徐中山王别墅也；张府、郭府诸园，明勋臣宅第也。昔年华屋，废为邱墟，水土肥腴，农民是力。每当晨露未晞，夕阳将落，担水荷粪之夫，往来若织，不肯息肩，力耕者逊其勤矣。"在四时种植蔬菜之外，他特别提到野菜："至于荠菜、苜蓿、马兰、雷菌、蒌蒿诸物，类皆不种而生，村娃稚子，相率成群，远望如蚍蜉蚁子，蠕蠕浮动，携筐提笼，不绝于途。而菱蒲菰蒋，宛在水中，取之者又必解衣赤足，如凫鹥之出没，是固农业之别派也。"五台山、乾河沿一带，即袁枚随园所在，传为《红楼梦》中大观园原型，当时即有所谓"稻香村"，后更被困守围城的太平军开垦，全都种了军粮。

我自七八岁起，逢春暖花开的周末，也曾提着个小竹篮，跟随邻家的哥哥姐姐们去清凉山挑野菜。其时清凉山南麓，山下有清凉寺，东岗有小九华寺，西岗有善庆寺，信众云集，香火兴旺，挑野菜须至遍布坟头的北坡。有的坟前树着块石碑，有的就剩个小土堆，有的已夷为平地，几乎看不出痕迹。就是这些坟堆上下，荒草野菜生得特别茂盛。女孩子认真觅野菜，男孩子多半寻开心，还装神弄鬼唬人。有人不小心，一脚踏破浮土，踩碎朽烂的棺盖，半条腿就进了棺材里，可越是惊慌，别在洞里的腿脚就越拔不出来，以为是被鬼抓住了，能吓得号啕大哭。幸而总有胆子大的，扶着他慢慢拔出腿脚。待到玩儿得兴尽，收队回家，小孩子挑得太少，连篮底都盖不住，大孩子便会从自己篮里抓一把给他。

当时挑了些什么野菜，已完全不能记忆。后来常挂在嘴边的，则是马兰头。马兰头纯为野生，所以较为难得，加白糖炒食，有一种特别的清香，虽价格稍贵仍大受欢迎。龚乃保说："马兰，亦野菜之一种，多生路侧田畔，与他菜不同，颇能独树一帜。他处人多不解食。然其花，则久为画家点缀小品。"我们倒不是受了画家小品的感染，而是因为看过当年著名的儿童剧《马兰花》。"马兰花，马兰花，风吹雨打都不怕，勤劳的人儿在说话，请你马上就开花。"没想到饭桌上不起眼的马兰头，竟有如此神奇！时隔半个多世纪，我还能清楚地记得这口诀。

在文人墨客笔下，被誉为南京野蔬之冠的，当然不会是马兰头，而是韭黄。《冶城蔬谱》开篇即说早韭："周彦伦'山中佳味'，首称'春初早韭'。尝询种法于老圃云，冬月择韭本之极丰者，以土壅之，芽生土中，不见风日，春初长四五寸，茎白叶黄，如金钗股。缕肉为脍，裹以薄饼，为春盘极品。"周彦伦，就是被孔稚珪在《北山移文》中大加嘲弄的周颙。周颙曾隐居于南京的钟山，齐文惠太子问他山中菜食何味最胜，他回答说："春初早韭，秋末晚菘。"晚菘即大白菜，南京人叫黄芽菜。但周顗所说的早韭若能确定为韭黄，则要算关于韭黄的最早文字记载。民国年间张通之《白门食谱》中也大赞韭黄，其所记韭黄种法，较晚清稍有改进："清凉山后，西北多山，冬日风少，地亦较暖，一般种菜人家，皆于韭畦上堆积芦灰甚厚，亦极齐整。予由农校回城南，喜走清凉故道，见而问之曰，此积灰何故。圃中人答曰，此内即韭黄也。韭在灰中生长，故色黄而嫩，春日以炒鸡丝或猪肉丝，皆甚佳。以此包春卷，煎而食之，尤别有风味。外来之韭黄，冒充南京韭黄，无此香焉。"其时清凉山西侧外秦淮河沿岸芦苇繁生，有地名即叫芦柴厂，芦灰易得，其富含磷钾，又是极好的肥料，自应育得好韭黄。

城市环境不可能一成不变，因而也影响到野蔬的生长。民国年间张通之就已经注意到这一点："王府园苋菜，只一种绿色。夏日取与虾米炒熟食，风味绝佳，任何菜不能及……今王府园，尽筑民屋，菜圃已废。又以门西万竹园苋为佳。东花园与张府园、郭府园均次之焉。"不过，直到二十世纪八十年代初，南京城里，山坡水涯，仍遍布生机蓬勃的野生花草，墙边路旁长出野荠菜、马齿苋，不足为奇。夏日有人腹泻，随手从墙角揪一把马齿苋煮水喝，立马见效。近二十年，经过接二连三地毯式的"老城改造"，南京城完全被格式化，不但建筑、道路，连植树草皮，都规范得死气沉沉。我在《盛世华年》中写道"水泥路没有生命，是死的，僵尸一样硬邦邦。在水泥路上走得久了，脚硬了，心也硬了，一点人情味都没有了"，是十分痛心的倾诉。

时至今日，有些野菜品种已经长久不见，如荬儿菜、雷菌；市场上能看到的野菜，准确地说，都是人工培育的"野菜"，且不能类比于被驯化的家禽和家畜，只相当于各种人造饲料喂养的禽畜，少了"野味"，多了污染。野菜的滋味，其实已只留存在旧时的文字中；而今天文人的所有描写，最多只是一种记忆再现。

春来野蔬发满城，只容梦中再相逢。

━━━━━━ "三新"与"五毒" ━━━━━━

近年以来，"国学"炙手可热，传统习俗也跟着沾光，四时八节，都会在各种媒体上折腾一番。时值立夏，"立夏吃三新"便成为新闻热点。然而"三新"的内涵却众说纷纭，专家们各执一词，诸家媒体上的诠释遂歧义丛生。因为歧路太多，肥美的羊儿终于跑得不见踪影，以至于杨朱那样多愁善感的哲人，要守在路边痛哭了。

"三新"又称"三鲜"，指立夏节令新上市的三种美食。二〇一四年，报纸上似乎终于有了权威诠释，论定为樱桃、青梅和鲥鱼。

然而，鲥鱼首先引起疑问，因为立夏节气有定时，总在五月五日或六日；而鲥鱼在南京，历来被视为农历阳春三月的美味。以鲥鱼的生活规律而言，每年二月底三月初由海洋溯江河做生殖洄游，此时脂肪肥厚，肉味最为鲜美；通常认为鲥鱼谷雨到江阴，立夏到安徽，端午到江西。鲥鱼初到南京的时间，当在立夏之前；立夏吃鲥鱼，该是安徽人的说法。大约因为鲥鱼与河豚、刀鱼并称"长江三鲜"，所以被人混淆，殊不知此三鲜非彼三鲜。

更重要的是，作为一种节俗食物，总须平民百姓享用得起，才能广泛流传。可鲥鱼早已不是普通市民家中能够上桌的东西了。民国年间夏仁虎著《岁华忆语》，说南京端阳风俗，"戚友家多以鲥鱼、角黍相馈遗"，在夏家那样的世家大族中，其时鲥鱼已属重礼，往往一条鲥鱼送到亲戚家，亲戚不舍得吃，又转送下一家，一家一家转下去，最后竟又回到原主人手中，可是鱼已腐败不能吃，"足为发噱"。

端午时节在南京市面上所见到的鲥鱼，很可能已是鲞（不知道是不是该用这个字）鱼。民间有"来鲥去鲞"的说法，鲞鱼也就是产完卵向海中洄游的鲥鱼，全然没有了来时的肥美，但毕竟还能让人稍稍获得吃鲥鱼的心理满足。二十世纪五六十年代，南京市面上偶尔还能见到鲞鱼。到八十年代，野生鲥鱼已经绝迹，成了中国的又一种濒危动物。如今再把鲥鱼列入"立夏吃三新"的内容，注定只能有名而无实，等于跟自己过不去。

江南各地，都有"立夏吃三新"的风俗，但各地"三新"内容不同，通常为当地易见易得的应时美食。南京人对"三新"的说法不一，其实也很正常，因为南京是一个五方杂处之地，历史上经过多次大移民。远的就不说了。近代以来，太平天国灭亡时，南京城内居民只剩两万人，民国初年恢复到近三十万；一九二七年国民政府定都，南京人口急剧增长到一百一十万，可以肯定其中大部为外来移民；一九四九年后官方公布的数据，南京人口在一九五八年达三百三十一万，一九六〇年是二百七十万，一九八二年增至四百五十万，而现在已超过八百万。同样可以断定，外来移民占相当大的比重。他们将家乡旧俗带入南京，形成不同风俗，也就不足为奇了。

在这一点上，扬州人的态度比较豁达，他们也说"立夏见三新"，而拿立夏时节的十余种美食编成一首顺口溜："青梅夏饼与樱桃，腊肉江鱼乌饭糕，苋菜海蛳咸鸭蛋，烧鹅蚕豆酒粮糟。"就像"扬州八怪"的"八"是概数一样，"三新"的"三"同样是个概数；他们说"江鱼"而不死扣鲥鱼，也给自己留有较大的回旋余地。南京也曾有人将立夏的应时食物，概括为天、地、水、果四种"三鲜"：天三鲜是鹌鹑、黄雀、鸽子；地三鲜是蒜苗、蚕豆、苋菜；水三鲜是鲥鱼、白虾、茭儿菜；果三鲜是枇杷、樱桃、杨梅。可见"立夏吃三新"的要点在"新"与"鲜"，而非在"三"。

立夏食俗说法不同的另一个原因，是其与农历四月初八的浴佛节、五月初五的端午节，前后相错，所以节俗食物容易混淆。人工制作的食品，如四月初八的乌米饭、立夏的豌豆糕、端午的粽子，还比较明确；而自然生长的果蔬，上市日期或早或晚，且又会延续一段时间，大约除了较真的民俗专家，确实很难分辨清楚。民间对于初夏几种节日食俗的区分，往往并不是太在意计较的。

南京立夏尝新，当首推樱桃。南京有俗语："梅花开过年，樱桃吃上前。"樱桃是新春最早应市的鲜果之一。唐人杨煜《膳夫经》已有关于吴地樱桃的记载："樱桃其种有三：大而殷者，吴樱桃；黄而白者，蜡珠；小而赤者，水樱珠（一作桃）。"白居易有《吴樱桃》诗："含桃最说出东吴，香色鲜浓味气殊。"明代顾起元《客座赘语》中写到南京樱桃之佳者："灵谷寺所产樱桃独大，色烂若红鞓鞢，味甘美，小核，其形如勾鼻桃。园客曰：'此乃真樱桃也。'"此正与杨煜所说"大而殷"相合。至清初则以玄武湖樱桃为胜，据说康熙南巡时，江宁织造曹寅就曾以玄武湖樱桃进贡。《金陵物产风土志》《上元江宁风土合志》都称玄武湖盛产樱桃。《首都志》明确记载当时玄武湖年产樱桃达三千担。玄武湖中的樱洲，旧称新洲、莲萼洲，一度称欧洲，定名樱洲，就是因为洲上广植樱桃树，早春满树飞花，一片妃红，灿如云霞，有"樱洲花海"之誉。玄武湖东的樱驼村，亦因盛产樱桃而得名。张通之《白门食谱》中写道："后湖洲多樱桃树，果熟时，以小篮盛之出售。其味鲜美，游湖人争各购一篮归，举家同食，老少皆爱之，往往以一篮为不足也。迩来有人以蜜制者售之，甜则有余，鲜不能及。故每果熟之时，不多时已售罄，人即取其鲜焉。""以一篮为不足"，是因为小贩装篮有技巧，篮底都垫了一层冬青树枝，上面放着的成串红樱桃，被衬得格外鲜艳，

171

其实只有半篮。

久居香港的叶灵凤先生，在《樱桃的乡情》中深情地写道："我见了樱桃，提到了樱桃就特别感到亲切，是因为我们家乡的玄武湖一向以出产樱桃著名。玄武湖上有许多小洲，洲上的居民以种植樱桃为业。樱桃树是不高的，枝叶低垂，有点像荔枝树那样。春深了，洲上的樱桃成熟，在细碎密茂的绿叶之中，一簇一簇的红樱桃真像是珊瑚珠。这种情景，从小到大，从大到老，都使我难以忘记。"

玄武湖的樱桃，实在已不仅是一种时令物产，它渗入南京人的生活，成为故乡的记忆符号。然而"文化大革命"期间，樱桃树因无人管理而损失殆尽。今天的樱洲，竟让东洋舶来的樱花成了主人，是颇有点数典忘祖意味的。

初夏尝新，我以为怎么都不能忘了蚕豆。龚乃保《冶城蔬谱》中写道："新蚕豆，四月初熟，新翠满筐，色香味俱备。尽力饱食，可十余日。过此则渐老，不中蔬料矣。或去荚水煮，糁以盐花，不假修饰，自然芳洁。"这种盐水煮蚕豆，今天还被用作酒宴应时冷盘。而蚕豆汤也是饭店里常备的高汤。清人薛宝辰《素食说略》介绍："蚕豆浸软去皮，以煮至豆开花时，豆已烂熟，将汤澄出，作为各菜之汤，鲜美无似，一切汤皆不及也。"

半个世纪前，城南人家房前屋后隙地，都能种上几株蚕豆。城里城外，精明的农民，都会在麦田埂上种上蚕豆，四月

底五月初收了蚕豆，拔去豆秸，全不影响田间耕作。二十世纪
八十年代，春日自覆舟山步上台城，沿路两边，紫白相间的蚕
豆花盛开，与一色金黄的迎春花相映衬，最是赏心悦目的田野
风光。

蚕豆可谓最廉价的时鲜，记得儿时，连大壳卖的蚕豆，不
过一分钱一斤。蚕豆给我的童年增添了许多乐趣。妈妈将连着
小壳的蚕豆用白线串成豆链，放在饭锅里蒸熟，姊妹们每人一
串挂在脖子上，便成了别出心裁的饰物，还可以不时拈一粒进
嘴解馋。为了炒豆瓣，姊妹们被动员来帮着剥蚕豆小壳，剥到
不耐烦时，妈妈就教我们游戏，将连壳蚕豆光滑的一端朝上，
用小刀削去下半的部分豆壳，只留下当中的一线，看上去就像
一个戴着钢盔的人头，尖长的豆芽嘴成了人的鼻子，颇似鹰钩
鼻、凸下巴的美国大兵。也可以将剥下的半截豆壳套上指尖，
在指肚上画出人的眉眼口鼻胡须，就有了若干可以随心所欲命
名的玩偶，表演各种自编的闹剧，或者与弟兄们手指上的人物
打斗。

另一个让孩童记忆深刻的习俗，是胸前挂蛋。立夏的早
晨，妈妈会用红丝线结成的小网络，装进一个煮熟的咸鸭蛋，
挂在我的脖子上。倘若不是星期天，我可以把这个鸭蛋挂到学
校里去。班上的同学，胸前也都是五颜六色的网络，有挂了鸭
蛋来的，也有挂鸡蛋来的，甚或有网络里装着一颗独头蒜的。
而老师们这一天也破例，对此不但不干预，课间还组织同学们

斗蛋，当然是鸭蛋对鸭蛋、鸡蛋对鸡蛋。以我们家的家境，平常吃鸡蛋也不多，吃鸭蛋的机会就更少了，但是逢到这种场合，母亲总是尽可能让我风光一些。所以我对这个鸭蛋十分珍惜，不去参加斗蛋。结果有同学就故意起哄，把我的鸭蛋给挤破了。中午放学回家，我很担心会被妈妈责怪，遮遮掩掩，结果还是被妈妈看到了。她听我诉了委屈，笑道，破了就吃掉吧，原就是吃的东西啊。

胸前挂蛋，是为了"吃蛋挂心"。民间相传吃什么补什么，董仲舒说"心如宿卵"，蛋形像心，便可以补心。通俗的说法是"立夏胸挂蛋，孩子不疰夏"。立夏的习俗，多是为了预防疰夏。民国年间潘宗鼎作《金陵岁时记》，立夏一节即说："立夏，使小儿骑坐门槛，啖豌豆糕，谓之不疰夏。乡俗云，疰夏者，以夏令炎热，人多不思饮食，故先以此厌之。"至于为什么骑门槛吃豌豆糕就可以不疰夏，谁也说不清楚。而有些地方恰恰相反，立夏这天不能让孩子坐门槛。

至于吃乌米饭，则源于农历四月初八如来生日，号称浴佛节，各寺院以乌米饭供佛，且散给善男信女。其做法也很简单，取青精树嫩叶浸水，用来浸泡糯米，蒸熟即成乌饭。所以南京街头常见的白米蒸饭，在那几天往往做成了乌米蒸饭，以为时新。

端午节的标志性食物，自然是粽子，但南京人吃粽子不必端午。陈作霖《金陵物产风土志》中说南京人元宵节也包粽

子："采芦叶裹糯米为三角形，或杂以红豆，或杂以腊肉，谓
之粽。粽，角黍也，是不独端阳食之矣。端阳有五毒菜：韭
叶、艾草、黑干、银鱼、虾米也。又取蚕豆炒之，谓之雄黄
豆。"

　　雄黄豆和五毒菜，才是南京特定的端午食品。此外必吃的
还有苋菜，据说可以免腹痛；南京人炒苋菜时一定要放大蒜
瓣，起作用的或者是大蒜也未可知。炒蚕豆瓣被叫作雄黄豆，
是因为那嫩黄的色泽，近似雄黄。曾有人以为是用雄黄炒蚕豆
瓣，则是大误会。雄黄加热即成砒霜，如何吃得！

　　旧时端午节饮用的雄黄酒，确是以雄黄研末浸泡而成的，
但雄黄用量应该不多。据说雄黄酒可以驱蛇虫、保康健，所以
平时不许喝酒的孩子们，破例也可以喝一口，就连婴儿，父母
也会用筷子头蘸点酒去辣他一下。大人们一边喝酒，一边用手
指蘸了酒，在孩子的额上点出一个黄点，或者写成一个"王"
字，希望孩子虎虎有生气；有时连手心足心也都点上，可见爱
子心切。喝剩下的酒，洒在墙角壁边，以祛毒虫。也有人以雄
黄在小纸条上写"五月五日天中节，一切蛇虫尽消灭"，倒贴
在墙角，实则驱祛蛇虫的仍然是雄黄而非咒语。

　　五毒菜，也称"炒五毒"，是端午节午餐上一道不可少的
菜肴，以韭菜、荬儿菜（或金针菜）、黑干（即木耳）、银
鱼、虾米等同炒，大约是以这几种菜象征蝎子、蛇、蟾蜍、蜈
蚣、壁虎等五毒。中国传统的砖木建筑，年代久了，常会滋生

蝎子、蜈蚣、壁虎、蛇等爬虫，而天井阴沟中，也有蟾蜍活动。小时候我亲眼见过家中的房顶上掉下五六寸长的大蜈蚣，也有邻居晚间在院子里乘凉被蝎子蜇了，一直呼痛到天亮。壁虎虽然无毒，但遇到危险时会断尾脱身，民间传说其断尾飞入人耳会致耳聋。这其中蛇的地位不同于其他，家中的无毒蛇好像只在这一天是被驱逐的对象，更多时候是被敬为"家神"，不敢冒渎的。

端午驱除五毒的法宝，还有以五毒为题材的香袋和绣荷包，通常只如拇指大小，内盛雄黄，不拘男女老少，都可以贴身佩戴。近年收集古钱币，才知道魇胜钱中专门有一个系列，是端午的佩钱，又叫作避毒钱。一面写着"五日午时"或"午日午时""五月五日午时"，另一面绘着五毒图案。也有一面画着钟馗或张天师，一边绘五毒图案的。

端午节喝雄黄酒时，父亲喜欢给我们讲白娘子的故事。白娘子在端午节因喝雄黄酒现出蛇身，吓死许仙；然而到了重阳节，人们在吃螃蟹时，又看到了被白娘子追得无路可逃、不得不躲入蟹壳的法海。按照中国人"秋后算账"的传统，在这场较量中，胜利者还是白娘子。或者说，人们的同情显然是在白娘子这一边。这个故事有着丰富的寓意，在我们幼稚的心中，第一次将美好与妖邪联系在一起，也使我们渐渐明白，对于事物的判断绝不能简单化，更不能轻信某些正人君子。

绿罗袄缠香罗带

粽子历来被视为端午节的标志。其实南京习俗，吃粽子并不限于端午节，但端午节一定要吃粽子。只是南京的粽子好像从来就没有出过大名，说到粽子之类的江南小吃，人们只会想起苏州和杭州。苏州人冯梦龙编的《挂枝儿》中，有一首专咏粽子："五月端午（是我）生辰到，身穿着一领绿罗袄，小脚儿裹得尖尖趫。解开香罗带，剥得赤条条，插上一根梢儿也，（把）奴浑身上下来咬。"这荤面素底的民谣，如此字字切题、自然妥帖，可谓咏粽诗中的绝唱。南京人只能自叹望尘莫及。

南京包粽子用的是芦叶。时近端午，菜场里、街边上，都会有这种被叫成"粽叶"的芦叶卖，在二十世纪五十年代不过一两角钱一把，足够小家庭包粽子用。可当时的南京市民还是喜欢到外秦淮河边、夹江边的芦苇丛中去采粽叶，说起来是一种乐趣，讲穿了还是想省一点钱。我在十来岁时，就曾跟着邻家的大孩子钻过芦荡，转来转去，见到的芦叶都不足一尺长，宽度也只及街边卖的粽叶的一半。好歹总算扯了一些回家，手上划了不知几道口子。用过一次的粽叶，一般人家都不舍得扔掉，洗净晾干，板板正正地扎好了挂起来，留着来年掺在新叶里用，其实一点清香味都没有了。无论新叶旧叶，用前都要用水泡。端午前几日，家家门前都放着一只大木澡盆，浸泡着一盆的粽叶，也总是用新叶遮盖住旧叶，让人觉得端午的颜色，就是那种青艳欲滴的翠。蒸煮过一次的粽叶发黄，再煮一次就发黑了。所以吃完粽子，妈妈只将发黑的粽叶挑出扔掉。扎粽子的线，常用的是粗白棉线，就是平时缝被子用的那种，也是可以反复用的。只有少数人家，用的是纳鞋底的多股线。

包粽子本该用糯米，因其黏性好，可以粘住恶龙的牙齿，免得它去伤害屈原。然而一般人家只能以粳米掺少许糯米，甚或以籼米为主，掺上粳米和少许糯米，因为在计划供应的粮食中，粳米和糯米都是限量供应的，糯米尤少，大约一个节期一人只有一斤，且价格也要高几分钱。贫寒人家，不得不做这种算计。包粽子的米也需要泡一段时间，使其吸收一定水分，容易煮熟，但也不能泡得过久，否则会酥成米粉，那就只能做元宵了。

家里常包的是白米粽，偶或也能包点夹心粽。一般是素心，在米里掺上红豆，或红豆沙，或去了核的枣肉；肉粽，是将过年时省下的腊肉，拣肥的切成肉丁，每只粽子里包入两三丁，吃时揭开粽叶，只觉油光闪耀、肉香扑鼻。记得"文化大革命"初大串联，火车经过金华，五分钱一只买了两只火腿粽，里面竟有一寸对方的火腿块，吃得我目瞪口呆，不敢自信。近年时兴嘉兴五芳斋真空包装的各种夹心粽子，总觉得不及金华的火腿粽。火腿粽子始见于袁枚的《随园食单》，是扬州盐商的发明。包粽子用最好的糯米，"中放好火腿一大块，封锅闷煨，一日一夜，柴薪不断；食之滑腻温柔，肉与米化。或云，即用火腿肥者斩碎，散置米中"。

不同内容的粽子放在一锅里煮，就要变换粽子的形式或在扎线上做出记号，以利辨识。常见的有三角粽、四角粽与小脚粽，后者较难包得规整。包粽子是女人的事，家中的母女婆媳，围坐在木盆边包粽子，也是一种手艺的考试与较量。有时邻家的女人也凑过来看，品头评足；自恃手艺好的人，还会大方出手，动作麻利优美地包出个挺刮的粽子来，得意扬扬地享受一串赞美。煮粽子也要算技术活，往往是头一天晚上煮开了，就焐在煤炉上，夜里要起来看几次，不能耗干了水，更不能煮得夹生。那一夜里，满室弥漫着粽叶的清香和糯米的甜香。

为了将来嫁到婆家不会在妯娌间落下风，女孩子从小就要学包粽，但人小手软无力，包不得真粽子，就包纸粽子。用较硬的纸片，折成一个小四角粽的样子，外面用彩色丝线一缕一缕地缠齐，小巧斑斓。这原该是一种香袋吧，里面可藏雄黄的，却成了女孩子练手艺的活计。缠出若干个小彩粽，用丝线串起挂在胸前，作为节日的装饰；过完节常常还挂在帐钩上，直到落满灰尘。我的妹妹们虽都会包粽子，但各自成家后，端午包粽子仍是由母亲主持，当然妹妹们会去帮忙。每年都是母亲包好了煮好了，让我们去拿一些，回家热一热就可以吃。母亲去世后，妹妹们也就没再包过粽子。到了我女儿这一辈，想吃粽子随时可以上超市买，就没有人再会包粽子了。只是超市里卖的粽子多是四角，甚或如日本式样，简单地折成一个枕头形，全无艺术可言了。

小脚粽子

甲午岁末龙吴丽娜

"要吃冰棒马头牌"

依稀记得当年关于南京美食的顺口溜："要吃鸭子韩复兴，要吃清真马祥兴，要吃冰棒马头牌，要吃面条刘长兴。"而与少年如我之辈有直接关系的，便是马头牌冰棒了。

"冰棒马头牌，马头牌冰棒。香蕉、橘子冰棒，赤豆、奶油冰棒。"每逢炎夏，南京的街头巷尾，小贩悠扬的叫卖声如知了一样终日不断，掺杂着木块敲击冰棒箱的啪啪声。牙牙学语的小儿，都能模仿得像模像样。

卖冰棒的小贩，有择地坐守的，多半是占了个好市口，或在人来人往的交通道口，或在商店、菜场、机关、学校门前，选一棵绿荫如盖的法国梧桐，用一副马夹架起冰棒箱。也有四处游走的，传统方式，是用一根背带斜背着冰棒箱；现代化的，则是将冰棒箱固定在二八自行车的后座上，然后慢悠悠地推着走街串巷。冰棒箱是木制的长方体，一律漆成黄色，正面一个圆圈，里面画着黑色的马头，十分醒目。箱内都垫着厚厚的棉被以隔热，各色冰棒整齐地排列其中。你要买哪种冰棒，小贩们都不用看，伸手向被中摸出，保准不会错。

当年政府以"物价稳定"为自豪，二三十年间，香蕉、橘子两种果味冰棒，都是四分钱一根，赤豆、奶油冰棒一根五分。就是这样的价格，吃冰棒对于普通市民家庭，仍然是一种额外负担。算来一个暑假里，我也吃不到十根冰棒，要不就是气温高到四十摄氏度上下，父母担心我们中暑，留下零钱让午睡后买根冰棒吃；要不就是学校里安排看电影，那时候电影院里没有空调，只有电扇，两个小时闷得汗流浃背，母亲也会吩咐散场时吃根冰棒。正因为吃根冰棒不容易，所以冰棒的滋味，才会深深地留在记忆里。

由此也可以想到，卖冰棒小贩扯开喉咙整天吆喝不停，实在是出于激烈竞争的需要。卖冰棒比卖鲜菜的急迫感更强，因为冰棒实在难以保存，时间稍长就会软酥融化。高温天气冰棒卖得火，可化得也快；遇上大雨降温，冰棒可以保存得稍久，可是买的人也少了。眼看冰棒开始融化，梢头渐渐发空，只好降价处理，每根三分，还免不了招人抱怨；实在卖不出的，索性带回家送左右隔壁邻居，做个顺水人情了。听小贩说，卖一根冰棒还挣不到一分钱，一天至多能卖上二百根；若是化掉十来根，起早摸黑的奔波叫卖，就等于学雷锋了。

二十世纪八十年代末，新街口胜利电影院旁有家小食品店，在寒冬腊月卖起了冰棒，没用任何招徕手段，而顾客络绎不绝，不时还排起小队伍。此后冷饮花色日多，价格涨了几十倍，可再没见有店家开口吆喝一声，生意照样做得红红火火。

　　说穿了，今天的人吃冷饮，是生活的点缀；早先的人吃冰棒，是生理的需要。当年的小小冰棒，可担负着防暑降温的重任呢。

　　在我印象中，学得"防暑降温"这个词，最初还不是因为冰棒，而是与一种菜汤相联系的。就是一九五八年"吃饭不要钱"的大食堂，午休之后，可以再去打一锅防暑降温汤。开始是西红柿鸡蛋汤，或冬瓜海带汤，渐渐就有名无实，成了漂着几片菜叶的刷锅水，喝着稍有些咸味罢了。当然依科学家的说法，盐开水以至凉白开解暑热最有效。我们家里，母亲无师自通，总是用一个有盖的大烤瓷罐，晾上满满一罐冷开水，叮嘱我们放学回家，先喝一杯冷开水再做作业。"文化大革命"结束后，父亲偶在闲话中说起，那个罐子其实是民国年间德国进口的牛奶罐，却被我们叫了几十年"冷开水罐子"。

　　防暑降温汤这样的命名，严肃得有些令人望而生畏。其实每逢炎夏，平民百姓家中，都会想方设法做一锅好汤，以引起家人的食欲。无论立夏那天用过什么法术，疰夏，尤其是孩子，还是免不了的。记得那时我每年夏天都会瘦掉十几斤，要到秋凉后才能慢慢养起来。三伏天本就是菜蔬短缺的季节，行内有一个专用名词叫"伏缺"，相应的工作任务就叫"堵伏缺"，政府年年都要狠抓落实的。绿叶蔬菜缺口大，要靠瓜类来堵，冬瓜是主力军，瓠子、葫芦、丝瓜配合，都是做汤菜的好材料。冬瓜淡而无味，总须加点配料，像袁枚《随园食单》

里说的"伴燕窝、鱼、肉、鳗、鳝、火腿皆可",非寻常人家
所敢奢望,常用的只是海带或虾米,甚或虾皮,沾点咸腥味而
已。父亲不知听谁介绍,发现了淡菜这种大众化的海鲜,于是
每年都会上南北货商店里去转几回。淡菜是以大小定价的,但
同一档次中总会有些差别,如恰逢店里新上货,便能挑到较大
而完整的。每逢星期天,我们家就可以享用一顿淡菜冬瓜汤
了。瓠子嫩时微有甜味,比冬瓜好吃,但稍一老便苦到不能进
嘴,所以挑选很需眼力。南京俗语道"抱不住冬瓜抱瓠子",
以瓠子为好欺侮,其实弄不好就会吃瓠子的苦头。嫩葫芦的味
道和瓠子差不多,老了就只能剖开做水瓢。孔老夫子当年发牢
骚,说:"吾岂匏瓜也哉,焉能系而不食!"讲的就是这种瓢
葫芦。丝瓜老了就成了丝瓜络,只能用来搓澡;就是嫩丝瓜,
也须油多才好吃,最好是用肉汤煨。当年肉和油都是限量供应
的,民间的土办法,是和油条一起烧,尤其是那种反复回锅的
老油条,最宜于做丝瓜汤。群众的智慧,由此可见一斑。

　　民间传统的防暑降温饮料,是绿豆汤或赤豆汤。过去讲究
的人家,绿豆汤里还会加上百合或莲子。张通之《白门食谱》
中说,南京"东城外百合,多种自畦间,独头开白色花,与外
来客货,头多开红花,俗名曰九头鸟者不同。夏天和绿豆煮
食,极解暑。平时煨食,大补肺。与紫金所产之野百合,皆为
金陵特产焉"。这种独头白花百合,大的重达一斤,肉质香甜
细腻,没有苦涩味,是农民多年优选而得。但是在粮食计划严

格控制的年代，买绿豆都要粮票，还不容易买到，平常人家都不舍得烧绿豆汤，喝了又不挡饥，不如煮绿豆稀饭。现在有些饭店，夏日有客人进店，先上一碗绿豆百合汤或绿豆粥，是一个好规矩。

最能让孩子们开心的夏日饮料，是鲜榨甘蔗汁。街边上的甘蔗摊，都备有榨机，看上去就像个后高前低的长条凳，凳面上有简单的杠杆装置。甘蔗常常是论根卖的，一种是摊主已经刨去蔗皮，打成两节或三节一段，一种是成捆的甘蔗架在一边，任由顾客挑选，摊主再代为刨皮、打段，任由顾客一路走一路嚼，吐一路渣滓。甘蔗汁则是论杯卖的，现买现榨，看似老小无欺，其实也有花样，小贩会将用来榨汁的甘蔗，先在水里浸泡一夜，榨出的汁水多了，味道却淡了。

二十世纪七十年代末，我在南京钢铁厂工作，当年时兴发放防暑降温饮料，有酸梅粉、橘子粉，最初据说是以乌梅、山楂等所提汁水，加蔗糖粉、柠檬酸和天然色素制成，呈颗粒状，以冷开水冲调，就成了酸溜溜的"酸梅汤"和"橘子水"。各车间门口都备有一大桶，工人随时可以去接一杯。此外每人还可以分到几袋。不料几年后，就变成了以化学方法配制，红砖似的一块块，酱色的叫"酸梅粉"，橘红的叫"橘子粉"，手掰不开，要用刀斩，泡在水里要用木棍捣碎。那怪味，我始终不能接受。

到了二十世纪八十年代初，又改了章程，车间门口的大桶里，换成了防暑降温茶。此外每人再发一斤茶叶。我就是在那时养成了喝茶的习惯。想来大约其时人们吃饱饭已没有问题，肚里油水也渐渐多起来，不怕被茶剐了。

像南钢这样的行业，夏天按规定要发防暑降温费。可南钢不发钱，自建制冰房，给职工发冰棒票，每天四根，也不像马头牌冰棒那样有各种花色，一律是果味。老工人舍不得吃完，聚到周末，一块儿领了，用泡沫塑料盒装回家，全家人共享这福利。碰到刮台风下暴雨，气温骤降，就拿冰棒化了煮稀饭，珍惜着那点糖精水。小青工不同，一班人约了，坐在制冰房门口赌赛，看谁吃得多，据说最高纪录是八十根。我最多一次吃过二十根，只觉得胸口揣着个沉甸甸的冰砣，手摸上去，生硬拔凉，过了大半天才缓过劲来，以后再不敢尝试。

冰棒终属平民食品，当时的小资享受的是雪糕，商标则同样是马头牌。中山路长江路口的太平村食品店楼上，设有冷饮雅座，几台大吊扇呼呼地转，小雪糕一角二分一块，大雪糕二角五分一块。学过几何的人都能看出，大雪糕的性价比要高些，所以往往两三个朋友共点一块大雪糕，店家也乐意帮顾客切分。恋爱中的青年男女就不分了，头对头隔桌坐着，一人一个小塑料匙，慢慢地挖来吃，真是品味不尽的甜蜜。

三秋滋味

金陵三秋食事，是从告别夏天开始的。

立秋那日，例有啃秋之俗，人人都要吃西瓜，以为可以消除一夏的暑气，且以为此后秋凉，西瓜就不宜再吃。其实南京立秋之后，暑热不减盛夏，还有"二十四个秋老虎"；倘若立秋时间在夜晚，便属"母老虎"，热得格外长久，总要到白露之后，才渐觉凉爽。俗话说"白露身不露"，不可再穿短袖衣衫了。然而南京的地产西瓜下市早，过去受运输能力和保管条件的限制，外地西瓜难以调入，到了八月上旬，西瓜往往成了稀罕物。为了啃秋，市民不得不提前买下半生不熟的西瓜，自存数日。觅不到西瓜的人家，只好以别的瓜果替代，但难免有不够正宗的遗憾。哪像现在，从海南岛到东北的西瓜接踵而至，再加上大棚种植，反季节上市，一年到头西瓜不断。啃秋这样的习俗，也就被淡化了。

在立秋前后，总有两个节日，一个是农历七月初七的七夕节，一个是七月十五的中元节。

牛郎织女的人神相会故事，当年很能给少男少女以美丽的憧憬。尤其是女孩子，尚有向织女乞巧的仪式。民国年间夏仁虎《岁华忆语》记载："七夕，小儿女供牛女，往往镂瓜、茄为灯，或状花鸟，或镌诗句，极生动之致。置碗水露庭中竟夕，明日投针，恒浮水面，就日影中，视其影作何状以卜巧。"七夕乞巧，其实是提供了个争奇斗巧的平台，真正展示的是少女的心灵手巧。做西瓜灯时，须利用瓜皮图案中较大的开口，将瓜瓤掏净，内置蜡烛，映亮图画文字，而掏出的瓜瓤便成了围观者的口福。所以孩子们都喜欢看姊妹做西瓜灯，至于茄灯的做法，我就完全没有印象。

在我的童年，晚上躺在院子里的竹床上，还能够望银河、数星星，一边听母亲讲神话，一边指点出牛郎星和织女星，牛郎挑的担子都清晰可辨。到我女儿这一代人听故事时，南京的天空已成灰蒙一片，只能从电视上看"今夜星光灿烂"了。然而七夕节却否极泰来，被商家利用，传媒推波助澜，大有成为本土"情人节"的势头。不少饭店、茶室、咖啡馆，都悉心营造浪漫氛围，隆重推出"情侣套餐"，颇受恋人们的欢迎。移风易俗六十余年，这大约可算传统民俗节日"旧瓶装新酒"最为成功的范例。这种套餐我没有领教过，想来多半是"功夫在食外"了。

中元节，源起于古代的"小秋"，即秋季早熟的谷物收获以后，奉以祭告祖先；后与佛教的盂兰盆节相混，传说当日阎罗王将地狱中所有鬼魂全部放出，世人须焚纸箔、放河灯为其超度，所以俗称"鬼节"。族人清明上坟，前往郊野祖坟与亡故的先人相聚，在坟前焚烧纸箔；中元则是亡灵回家与家人相聚，所以皆在家门附近焚烧纸箔，且多划分为数摊，口中念叨，哪一摊是给祖上的，哪一摊是给戚友的，哪一摊是给孤魂野鬼的。夏仁虎《岁华忆语》中介绍："中元亦祭祖之期，家家设供，有焚法船或纸鞋、伞者，谓先魂当出游也。"直到民国年间，中元节庆活动还十分隆重，常采取"商办官助"形式，商家出钱，官府主持，秦淮河中放河灯成为金陵一景。一九四九年后，中元节被政府视为迷信，一度属禁止之列，近年又有谴责市民烧纸污染空气之论，真是应了古语："只许州官放火，不许百姓点灯"。但民间从不含糊，就是在"文化大革命"的高压之下，偷偷摸摸，也一定要为逝去的家人烧些纸钱。祭过先祖亡灵，家人照例要团聚共餐，让祖先看到后辈和睦兴旺的气象。过去这种家族聚会，都是在家里操办，且应有新粮谷物上桌；现在小家庭多，年轻人又计较自己的私人空间，所以多半是到饭店里去撮一顿。

农历七月，大约要算天人感应活动最频繁的月份之一，祀过神，斋过鬼，自也不能忘了佛。七月三十是地藏王菩萨的生日，地藏王菩萨以"我不入地狱，谁入地狱"的精神度人间苦厄，深为佛教信徒崇仰。清凉山东侧岗阜上的小九华寺，相传为地藏王菩萨肉身坐禅处。晚清陈作仪曾记下清凉山地藏会的盛况。僧众将山间各小庵的神像，汇集于寺中，名曰"朝山进香"。因时值盛暑，此前两日，自朝天宫迄西直到小九华寺山门外，沿途数里，已搭起茶棚十余座，免费提供茶水以供香客解渴。茶棚内张挂灯彩，上悬地藏王菩萨画像，旁列十殿阎罗像，而供案上陈列着各种玩具，以供游人欣赏，斗巧争妍，应有尽有。

张通之《白门食谱》中，说到其时清凉山的两种美食，刺栗和素面。"清凉山栗树甚多，每到仲秋，大江南北人来此山进香者，昼夜不息，山中人以此刺栗，用竹签插入两三枚或四五枚不等，其栗刺包，以刀辟开，留而不去，人欲食之，置地上，以足踏之，其栗即出，去其壳而食，既嫩且甜，甚觉有味。持归以糖煮熟食之，比莲子尤嫩，亦美味也。"而扫叶楼的素面，更是"美不胜言"。他曾悄悄向卖面的道人打听素面的做法，道人答道："出家茹素，无非笋尖、豆汁做汤而已。"

这倒不能说是虚言。清人薛宝辰《素食说略》中，就大赞几种素汤："黄豆芽煮极烂，将豆芽别用，其汤留作各菜之汤，甚为隽永。""惟芽汤味清而腴。"又介绍萝卜汤和蚕豆汤的做法："用莱菔七成、胡莱菔三成，切片或丝，同以香油炒过，再以高酱油烹透，然后以清汤闷之，闷至莱菔极烂，其汤即为高汤。或浇饭，或浇面，或作别菜之汤，无不腴美。余每日以浸软蚕豆去皮煮汤，或莱菔汤，浇饭、浇面、吃饼，甚为适口，胜肥酸多矣。"

"文化大革命"中，小九华寺被砸成一片瓦砾，一九八〇年复建为崇正书院。而山中的栗树，深秋"霜叶满山，鲜红欲滴"的枫树，都已不见踪影。此后清凉山下还曾开过一家素菜馆，能用全素食材，做出形象逼真的红烧鱼、扣肉、排骨，只是中看不中吃，生意也如菜味一般平淡，不久就歇业了。

三秋节令，重头戏无疑是过中秋吃月饼。南京人说起月饼，别有一份自豪，传说元末红巾军起义前，就是利用中秋吃月饼的风俗，在饼内夹纸条传递信号，各地同时举事，后来朱元璋开创大明王朝，南京首次成为大一统中国的都城。南京人对于中秋夜的阖家团聚也格外重视。据说当年科举乡试，最后一场恰在八月十五结束，南京考生为了不耽误回家过节，多半草草交卷。而其妻子必浓妆艳服，手持丹桂一枝，倚门以望，待考生归来，即将丹桂奉上，以为"折桂"之吉兆。清末《点石斋画报》中曾绘图配文大加讽刺。应试可以草草，吉兆不可错过，金陵旧俗中，图虚名而不务实际者，此或可以为典型；然一家人自得其乐，"人月双圆"，何尝没有令人欣羡之处。

其实中秋节庆，也没有太多的花样。看《红楼梦》第七十五回、第七十六回，曹雪芹虽然借黛玉、湘云、妙玉的嘴，写下一首自鸣得意的诗，而贾家的赏月会，也不过上香设宴，吃瓜果月饼、击鼓传花说笑话。夏仁虎《岁华忆语》记民国年间节俗："是夜家人团坐聚饮曰圆月，出游街市曰走月。""祀月用纸，上印绘月宫状，曰月宫纸。以小香若干柱扎成玲珑楼阁状，或剪彩作月宫状粘之，在最上一柱，戴以纸糊之斗，曰斗香。面和糖果为馅，大如盘曰月饼。"祭月以后，将月宫纸烧去，瓜果点心则分给家人同食。

到了我们小时候，繁文缛节一概免除，唯剩下分吃月饼一件大事，体现着"民以食为天"的真谛。中秋夜联句赋诗的雅致我没见识过，记得的只有孩童的月亮歌："月亮月亮粑粑，里头蹲个妈妈；妈妈出来买菜，里头蹲个老太；老太出来洗衣裳，里头蹲个娘娘；娘娘出来梳头，里头蹲个黄牛；黄牛出来洗脚，里头蹲个麻雀；麻雀出来飞飞，里头蹲个乌龟；乌龟出来爬爬，里头蹲个娃娃；娃娃要吃油炒饭，滚你娘个穷光蛋！"从喻月亮为粑粑开始，兜了一大圈，依然落脚到吃上。须说明的是，南京方言中的"蹲"，发音如"墩"，除了"蹲下"的意思，还有"待在哪里"的意思，这歌里便是后一义。

我一直弄不大清南京本地月饼和苏式月饼的区别，喜欢吃的豆沙馅和五仁馅，两家都有生产。五仁月饼馅里有核桃仁、杏仁（或花生仁）、松子仁、葵花子仁、芝麻仁，排得密密实实，咬下一块，像是变幻不定的万花筒，舌尖不断有新发现，满口果仁香。椒盐月饼的馅料不合我口味，只爱揭上面一层粘满黑芝麻的饼皮。记得小时候吃得多的，还是小苏州食品厂的豆沙月饼，粉白的饼皮朴实无华，只有垫底的油纸中央，盖着一枚朱红的四方印章，饼馅酥润香甜而不腻。当然也因为它的价廉物美，适合我家的消费水准。广式月饼有火腿、咸肉、枣泥、莲蓉等品种，饼皮特薄，满满的都是馅，似乎一碰就会散掉，然而重油重糖，就是我这喜甜食的人，也觉得有些发腻。不过，当年南京人总说吃不惯广式月饼，主要原因恐怕还是嫌价格较贵。

当年吃月饼，都是一个月饼切成四牙甚至六牙，一人一牙，刚好能把馋虫勾出来，所以曾立下一个宏愿，等我工作领到工资，一定要让父母弟妹每人吃一个整月饼。"文化大革命"加插队，转眼十几年过去，到一九八〇年前后，以我的工资请家人吃月饼是不会有问题了，可小苏州的豆沙月饼仍供不应求，要托人到厂里找关系、开后门，才能买到。

二十世纪八十年代末，长江南北货商店门前，摆开阵势，现做现烤鲜肉月饼，一时引起轰动，围观的人群常常挤满了人行道，实则尝新鲜的人远没有看热闹的人多。我们这一代人，只读过《钢铁是怎样炼成的》，从来没见过月饼是怎样做成的，甚至都没起过这念头。然而，二〇〇一年中秋前夕，南京冠生园将头年月饼陈馅回炉利用的问题被曝光，使南京月饼生产厂家皆受连累。月饼的神圣感一旦被打破，从此步下神坛，无论何等豪华的包装，都不能让它重返昔日的辉煌了。

旧时中秋祀月，月饼之外，总有几样时鲜果品，如紫红的石榴、水红的菱角、朱红的柿子、玉白的花香藕。月亮地里摆一摆，便也由家人分食。鲜藕可以切片生吃，可以清炒、炖汤，南京人最喜爱的，则是煮成糖粥藕。张通之《白门食谱》记载："马巷中段之熟藕：铺门朝东，专售熟藕。未煮时，先取肥而嫩者，洗净其泥滓。然后以糯米填入孔内，放稀糖粥锅中煮熟。食时又略加桂花糖汁，香气腾腾。藕烂而粥粘，亦养人之佳品。下午各处击小木铎，而高呼卖糖藕者，迥不及焉。"马巷原在南捕厅甘家大院东侧，近年拓宽中山南路时被并入，从此消失。而糖粥藕虽在饭店能吃到，超市也可以买到，但与马巷热卖的，味儿可就大相径庭了。

中秋夜的最后一项活动，是"摸秋"。潘宗鼎《金陵岁时记》中介绍："金陵俗，中秋月夜，妇女有摸秋之戏。尝往茉莉园，以得瓜豆为宜男。相传洪杨乱前，恒在长乐渡玄帝庙之铁老鸦杆及钟山书院前之铁锚。"到别人家的菜园中偷瓜果，据说吃了可以生孩子；偷时还要故意声张，引主人叫骂，骂得越凶越灵验。当然主人也是知道这风俗的，且以助人为乐，所以多在家门口笑骂几句而已。至于摸铁锚之类，则是取其"挺然翘然"之态，属于远古生殖崇拜的遗风了。

秋日的另一个大节，是九月初九重阳，近年又被法定为老人节，赋予了新的内涵。南京重阳食事，以夏仁虎《岁华忆语》所记为详："是日，人家以糕饵供祖，上插小彩旗，曰重阳糕。儿童雕缕五色纸作三角形，累贴成大旗，曰重阳旗。""金陵人九日登高，北则鸡鸣山北极阁，南则雨花台。要以登雨花台者为最多，携佳茗，瀹雨花泉水品之。新栗上市，茶肆和木樨煮熟，风味殊佳。兴尽每购雨花石子归，备冬日养水仙也。金陵人食蟹，谓'九月团脐十月尖'，谓至时始肥美也，以捕自圩田者为佳，因食稻故。巨者两尖、团重一斤，又曰对蟹，为他处所无。"

可见重阳糕虽然风光，菊花酒虽然名重，但美食其实是蟹。陈作霖《金陵物产风土志》也说："重阳饮菊花酒，剥巨蟹。蟹之肥者，圩田产也。"张通之《白门食谱》中介绍圩蟹出处："金陵西南乡，滨江带河，为鱼虾之集处，而圩中多常稔之田，稻粱所遗之穗与粒，蟹来饱食，肥大异常。团脐黄多顶壳，尖脐油亦满腹，煮而食之，最为适口，不一定九月团脐而十月尖也。其他莫愁之蟹，亦大而且美，但出产不多，不甚易得焉。"

蟹味虽佳，而性大凉，胃寒脾弱的人往往不敢领教，遂有人炮制"假蟹粉"供其解馋。"取大鳜鱼之肉，和鸡子黄，加以姜醋，作成假蟹粉，其味与真蟹粉无异，亦极养人。"其实用不着鳜鱼肉，做蟹粉鸡蛋更为简便，取鸡蛋数个打开，加进适量白醋和姜末，用筷子略调几下，把蛋黄搅破，但一定不要与蛋白搅匀，入热油炒熟即成。分离的蛋白与蛋黄，正给人蟹肉与蟹黄的观感。学得此法，不必待秋凉，随时有蟹味可尝。

——— 冬至大似年 ———

冬至之日，从清早开始，街头巷尾的娃娃们就扯开嗓门，翻来覆去地唱这样两句："今天过大冬，豆腐烧大葱。"学生们放学时，也会跟着唱上一路。南京俗谚"冬至大似年"，故言"大冬"，大冬的晚饭桌上，一定会有一碗大葱烧豆腐。

冬至会成为豆腐的大日子，也是穷苦人拿素豆腐当荤腥吃。富贵人家讲究入冬进补，自冬至进"九"，每"九"的头一天要吃一只老母鸡。吃不起鸡的人家，只好豆腐上阵。然而时值寒冬，饭桌上有一碗热气蒸腾的炖豆腐，美味在嘴里，暖和到心里，大人们便又要提醒孩子"心急吃不得热豆腐"了。

世上毕竟穷人多富人少，富裕人家关起门来悄悄炖老母鸡汤，穷苦人家大张旗鼓吃大葱豆腐，结果"豆腐烧大葱"渐渐成了冬至食俗的正宗。民国年间流寓北京的乡贤夏仁虎先生，回忆故园旧事，撰成《岁华忆语》，其中亦说到冬至食俗："冬至，人家均祀祖先，家人聚饮。鲢鱼向不喜食，是日必以入馔；断葱为寸，与豆腐同煎之，取从容与富余意也。升炉火祀天地曰接冬，间有放炮竹者。"有了"从容与富余"的寓

意，穷人可以不吃鸡，富人却不能不吃豆腐了。夏先生还说到
金陵文人始于冬至的"消寒会"："会凡九人，九日一集，迭
为宾主。馔无珍馐，但取家常，而各斗新奇，不为同样。岁晚
务闲，把酒论文，分题赌韵，盖宴集之近雅者。"

　　菜不必珍贵，而以新鲜相夸。这"各斗新奇"的菜谱，可
惜夏先生没有记录。不过，他也记下了冬令的几种佳蔬："冬
日蔬菜，出于天然，非北方所谓'洞子货'也。如瓢儿菜与冬
笋同煮，厥味至美。钟山白芹，尤为特产，至冬始生，白若截
玉，移地种之弗良也。韭芽黄如融蜡，以阔叶者为良。至于野
蔬，常年弗绝，入冬较肥腴耳。"

　　南方气候温和，冬日亦有园蔬可食；而北方寒冷，只能在
地窖或温室里培育，所出菜蔬遂被南方人讥为"洞子货"。

　　瓢儿菜是南京特产，据说移植他乡，便与白菜无异。龚乃
保《冶城蔬谱》中所记最详："菜为吾乡土产，似北地黄芽
菜，差短小，茎褊叶皱，环抱极紧；外绿中黄，俗谓之菊花
心。饱饫霜雪，别具胜概，亦常食所必备。然珍错罗列，偶得
此味，羔豚为之减色矣。种类善变，一畦中往往有叶不皱而色
嫩绿者，俗谓之白叶，味亦憨甜。"张通之《白门食谱》中也
大加夸赞："瓢儿菜，菜形扁圆，而叶不平，状若瓢，故有是
名。雪后取食之味尤美。前人有'雪压瓢儿菜，风吹桶子鸡'
之说。盖雪压后得其润泽，而不枯燥，一如油鸡之为风吹，而
皮内油汁成冻而后可口也。南城外有蔡老，善刻竹，予尝闻其

食此菜法，须多购若干，将外老叶去净，然后以瘦肉丝，同放瓦釜内，用文火炖半日，取出食之，人愈食愈不厌，他菜不欲下箸。故予冬日请客，只作此一菜也。"我小时候吃到的瓢儿菜，仍不减旧时风味。近年偶然在超市里见到瓢儿菜，菜叶微皱，能包起的不多，有点像矮脚黄青菜，又被压得扁趴趴的，也就失了兴趣。

"冬至大似年"，不是南京人的夸张。二十四节气中，冬至是最早被人们测算出准确时刻的一个，因此也曾被作为一年的起算点，以两次冬至之间的时日为一年。西汉刘安撰《淮南鸿烈集解·天文训》中，首次完整列出二十四节气，仍以冬至为首。所以在先秦典籍中，冬至是至关重要的一个时间节点。同时冬至又是一个重要的民俗节日，东汉崔寔《四民月令》中说，冬至这一天，要"荐黍糕，先荐玄冥以及祖祢，其进酒肴及谒贺君师耆老，如正旦"，祀祖敬老，像后世的新年一样。唐代称冬至为"亚岁"，将冬至前一夜称为"冬至除夜"，简称"冬除"，也称"冬住"，可见节俗活动不止一天。直到宋代，为了避免与新年除夕相混，才将冬至除夜废弃。

虽然自汉代以降，都以夏历正月初一为新年，但辞旧迎新的活动，并不限于正月初一这一天，而是几乎包括了整个冬季。在生活节奏缓慢的农业社会中，"秋收冬藏"，冬天属于休养生息的季节，人们有充裕的时间，举行庆贺丰收、祭神祀祖、驱邪除秽、迎春纳福、消闲娱乐活动。这类活动从冬至就已发端。

随着社会生产水平的发展，冬闲的时间逐渐被压缩，后世一度以腊八节为春节的序幕，称为"小年"。到了近现代，已多以腊月下旬的送灶为节期开端，俗称"小除夕"。

农历腊月初八的腊八节，应是中国古代的腊祭与佛教释迦牟尼成道日交融而形成。直到民国年间，"腊八粥"的分送仍以寺院为主流，如夏仁虎《岁华忆语》中所说："腊月之初，寺庙僧众，游行街肆及大家宅第，曰'化粥米'，辄担载而归。至八日熬粥，加果、栗，分送人家，曰送腊八粥。"有的大户人家也效仿寺院，在腊月初七夜间熬粥，初八一早，敬佛供祖，分赠亲友以至邻里。时值寒冬，一碗热粥，温暖的不止是胃。也有恤贫怜弱的人，在此日设棚施粥，以为善举。近年佛教活动复兴，善男信女多自带米、豆、坚果等，会集于诸寺院中，煮成腊八粥，在初八上午开流水席，并邀约各界人士届时前往喝粥，成为一种别致的社会文化活动。

较之于相对单纯的腊八节，送灶则颇能反映国人在天人关系上的复杂心理。

灶是火的象征。懂得用火、建灶，人能够保证熟食，与生食的动物拉开了距离，确实是值得纪念的事情。送灶也可以说是与饮食关系最为密切的节俗活动。灶王爷长年累月守在灶台边，对人家的生活状况了解最为透彻，然而也正因为与人朝夕相处，人们对他便少了一份敬畏之心。于是在汉代有好事者为灶王爷增添职能，让他在年终上天庭汇报这家人的善恶情事，以决定来年的奖惩，甚至可能增减人的寿命。灶王爷遂成了玉皇大帝派驻人间的监察御史，兼任各家各户的家神。

所以在灶王爷画像的两侧，往往有一副小对联，写着"上天言好事，下界保平安"，或"人间司命主，天上奏功臣"。两者意思差不多，前者直述对灶王爷的期盼，后者转了个弯，以拍马屁的手法，哄灶王爷为自己说好话。然而空言祝祷，毕竟放不得心，遂不能不采取些实际行动。初时是在送灶上天之日，用酒糟涂抹在灶门上，以将这位"东厨司命灶王府君"变成"醉司命"，无法正常履职。到南宋时已改为供祭黏性甚大的灶糖，称为"胶牙饧"。灶糖的出现，显示出灶君尊严的削弱，因为以酒醉神，还算一种无可奈何的供奉，是不得不哄着他；直接粘上他的牙齿，省得他到玉皇大帝那里说三道四，不免有些儿戏，反映人们自觉已有充分的力量摆布这位家神。类似的哄弄，还有在锅里放一块豆腐甚至一把豆腐渣，以使灶王爷误以为此家饮食艰难，来年多予照顾。

与北方祭灶由男性主祭不同，南京的祭灶活动是由妇女主持的，男性反不参加。各地灶糖的做法不一。南京是以糖稀和上芝麻，做成元宝形，烘至焦黄，又香又甜又黏，潘宗鼎认为这种元宝式灶糖"惟吾乡始有"。也有图省事的人家，干脆就在糖担子上买一块麦芽糖。祭完灶神后，这灶糖便成了孩子们的爱物。

与灶神相关的，还有灶马，是过去厨房里常见的一种红壳虫，形如蚱蜢而身拳翼短，后腿极长，能蹦得很远，行动快捷，转瞬即逝，可谓神出鬼没，南京人叫它"灶驹子"，安徽人叫"灶马"，意为灶王爷的坐骑，上天时乘的马。袁珂《中国神话传说词典》中，以为灶马即是蟑螂，应该是弄错了。古人认为，"灶有马，足食之兆"。二十世纪中叶人家烧煤炉，厨房长年温湿且多杂物，尚能见到灶驹子活动，因其系不缺饭吃的象征，所以大人是不准拍杀的。我小时好奇，偷偷去打，但几乎没有打到的记录。后在农村插队烧柴草，更是常见此虫。城市中自从改烧煤气或液化气，厨房中清清爽爽，这昆虫已经绝迹。

与人世间相仿，中国的神祇也是有等级化的，有些神祇专属于皇族贵胄，平民百姓无份儿。灶神算是贵族与平民共有的一位神祇，然而在人间仍不免被分出等级。潘宗鼎《金陵岁时记》中说，"祀灶有军三民四龟五之别"："明时，军家皆功臣之裔，声势赫然，与庶民异，故有'只许军家放火，不许百姓点灯'之谣。其祀灶以二十三夜，而庶民二十四夜。至龟五之说，明代有教坊司，著为令甲，岂祀灶亦有禁令欤？至今龟五之说，传为笑柄。"倘若有人弄错历日，在腊月二十五祭灶，便会遭人笑话。

直到"文化大革命"前，南京的老人，即便已经没有灶王爷神像可贴，到了这一天，仍然会到厨灶前去拱一拱手，念叨一句："哦，送灶了！"那意思，更多是在提醒家人，年关邻近，采办年货，收拾过年，都得抓紧了。

民国年间，南京还有专设的"年市"，如夏仁虎《岁华忆语》中所记："金陵年市，西自水西门，南自聚宝门，迤逦数里，集中于大功坊。皮货之属，自山西来，纸画、红枣、柿饼之属，自山东来，皆假肆于黑廊、大功坊一带。碧桃、红梅、唐花之属，集于花市街。橘、柚、梨、桲、鲜果之属，集于水西门。鸡、猪、鱼、鸭、腌腊之属，集于聚宝门。携钱入市，各得所欲而归。其乡村之人，结伴而来，捆载以去者，肩相摩也。"一九四九年后，政府实行统购统销，市场管理日益严格，此后凡百物品皆须凭票购买，年市自消弭于无形。改革开放之初，"自由市场"和"集市贸易"一度让过年的氛围重返民间。然而这十几年来，"市容管理"成为地方政府的重要政绩，城管队权倾一时，街边摊贩一扫而空，人们只能到格式化的超市里买规范统一的年货，"年味"又怎么可能不淡化呢？

（京）新登字083号

图书在版编目（CIP）数据

饥不择食 / 薛冰著.—北京：中国青年出版社，2015.7
ISBN 978-7-5153-3369-4

Ⅰ.①饥⋯　Ⅱ.①薛⋯　Ⅲ.①饮食—文化—中国
Ⅳ.①TS971

中国版本图书馆 CIP 数据核字（2015）第 113100 号

中国青年出版社 出版发行

社　　　址：北京东四12条21号　　邮政编码：100708
网　　　址：http://www.cyp.com.cn
丛书主编：朱晓剑
插　　　图：郜科、龚丽娜、孔祥东
责任编辑：刘霜Liushuangcyp@163.com
编辑部电话：（010）57350508
发行部电话：（010）57350370
北京科信印刷有限公司印刷　新华书店经销
880×1230　1/32　6.75印张　200千字
2015年7月北京第1版　2018年12月第2次印刷
定　　　价：30.00元
本图书如有任何印装质量问题，请与出版部联系调换
联系电话：（010）57350337